BIOCOMBUSTÍVEIS

A energia da controvérsia

Dados Internacionais de Catalogação na Publicação (CIP)
(Câmara Brasileira do Livro, SP, Brasil)

Biocombustíveis : a energia da controvérsia / Ricardo Abramovay (organizador). – São Paulo : Editora Senac São Paulo, 2009.

Vários autores.
Bibliografia.
ISBN 978-85-7359-819-3

1. Biocombustíveis 2. Energia – Fontes alternativas I. Abramovay, Ricardo. II. Título.

09-02684 CDD-662.88

Índice para catálogo sistemático:

1. Biocombustíveis 662.88

BIOCOMBUSTÍVEIS

A energia da controvérsia

Ricardo Abramovay
(Organizador)

Editor: Marcus Vinicius Barili Alves (vinicius@sp.senac.br)

Coordenação de Prospecção e Produção Editorial: Isabel M. M. Alexandre (ialexand@sp.senac.br)
Supervisão de Produção Editorial: Izilda de Oliveira Pereira (ipereira@sp.senac.br)

Edição de Texto: Luiz Carlos Marques Guasco
Preparação de Texto: Tania Mano Maeta
Revisão de Texto: Ana Beatriz Viana Souto Maior, Luiza Elena Luchini, Maristela Nóbrega
Projeto Gráfico e Editoração Eletrônica: Fabiana Fernandes
Capa: Fabiana Fernandes
Impressão e Acabamento: Corprint Gráfica e Editora Ltda.

Gerência Comercial: Marcus Vinicius Barili Alves (vinicius@sp.senac.br)
Supervisão de Vendas: Rubens Gonçalves Folha (rfolha@sp.senac.br)
Coordenação Administrativa: Carlos Alberto Alves (calves@sp.senac.br)

Editora Senac São Paulo
Rua Rui Barbosa, 377 – 1º andar – Bela Vista – CEP 01326-010
Caixa Postal 1120 – CEP 01032-970 – São Paulo – SP
Tel. (11) 2187-4450 – Fax (11) 2187-4486
E-mail: editora@sp.senac.br
Home page: http://www.editorasenacsp.com.br

Sumário

Nota do editor

Períodos de transição sempre trazem consigo mudanças. As peças no tabuleiro são rearranjadas. As regras do jogo não são mais as mesmas. Em momentos como esses, o conceito de *adaptação* torna-se vital.

É curiosa, no entanto, a adaptação sobre a qual esta obra se debruça. Não se trata de animais desenvolvendo características para sobreviver ao ambiente que os envolve: trata-se de seres humanos que, após séculos de abuso inconsequente dos recursos naturais, hoje veem-se obrigados a se adaptar àquilo que moldaram com suas próprias mãos.

O Senac São Paulo aprofunda a discussão sobre um dos nós górdios da atual questão ambiental: o petróleo está condenado, seja pela escassez de reservas, seja pelos danos que causa à natureza. Qual será, então, seu melhor substituto? *Biocombustíveis: a energia da controvérsia* traz artigos de especialistas na área de bioenergia e, com propriedade, explica os prós e contras do etanol e congêneres, a fim de que as gerações seguintes não se vejam obrigadas a se adaptar em consequencia de atos desarrazoados contemporâneos.

Introdução

Ricardo Abramovay

Como explicar a tão forte oposição internacional ao etanol brasileiro? Dizer que é uma conspiração dos interesses petrolíferos não parece consistente, uma vez que as próprias empresas desse setor investem, de forma crescente, em inúmeras modalidades de energias alternativas, até mesmo em biocombustíveis. Colocar sob suspeita os países ricos, que não se conformariam com a emergência do gigante adormecido, não bate com o fato de 15% da produção brasileira de etanol já se encontrar sob domínio de grupos estrangeiros. O biodiesel também vem recebendo investimentos internacionais crescentes, embora bem menos vultosos que os do etanol. Fundos de investimento e grandes empresas que dominam a comercialização e a industrialização de cereais no Meio-Oeste norte-americano – e, portanto, a produção de etanol daquele país – responderam, em 2007 e 2008, por aportes de recursos em usinas de álcool superiores a US$ 17 bilhões. O esforço do governo brasileiro e do setor empresarial para demonstrar o balanço energético positivo do etanol, o argumento de que ele não ameaça a floresta Amazônica e as informações mostrando seus impactos relativamente reduzidos sobre o abastecimento alimentar, nada disso parece suficiente para calar os críticos.

Essa dificuldade não é específica aos biocombustíveis, nem ao Brasil, mas exprime um dos traços mais interessantes e promissores da formação dos mercados no mundo contemporâneo: o mecanismo dos preços vai perdendo seu tradicional monopólio como dispositivo informacional a respeito da alocação dos recursos sociais. Aos preços juntam-se outras formas de organização dos processos concorrenciais que passam pela capacidade de expor de maneira pública e sintética indicadores sobre os efeitos da produção e do uso dos produtos na vida social e no patrimônio natural em que ela se assenta. Não se trata apenas de reconhecer as "externalidades" da economia e enfrentá-las por meio de leis e da intervenção do Estado. Muito mais que isso, trata-se de localizar e medir como cada empresa e cada setor econômico usam recursos cujo caráter privado submete-se a uma avaliação socioambiental cada vez mais exigente.

A mesa-redonda internacional sobre biocombustíveis sustentáveis, da qual atualmente participam os mais importantes protagonistas e interessados no tema, faz parte de um conjunto de iniciativas em que atores sociais exercem influência decisiva sobre os mercados. Isso não ocorre só com biocombustíveis, mas também com a soja, a madeira, o azeite de dendê, os têxteis e a construção civil. Não basta produzir a preços competitivos. Nos mercados contemporâneos, também é fundamental credenciar os produtos e os métodos produtivos sob o ângulo de atributos socioambientais cada vez mais específicos. Esse reconhecimento não é mais um traço de certos nichos especiais (produtos orgânicos, artigos de *fair trade* ou de economia solidária), mas, de forma crescente, atinge o próprio domínio das *commodities*, de mercadorias que, até muito recentemente, eram tratadas como indiferenciadas. Para elas preço e respeito às leis eram o suficiente. Atualmente é necessário que mostrem singularidades sem as quais sua própria entrada no mercado estará sob risco.

O futuro energético do século XXI é incerto por duas razões básicas. A primeira refere-se não apenas aos estoques e à disponibilidade de petróleo, mas à tolerância das sociedades contemporâneas com relação aos impactos do seu uso diante do aquecimento global. É comum a afirmação, entre especialistas, de que a Idade da Pedra não acabou por falta de pedras e que, da mesma forma, a era do petróleo não irá esperar o consumo de sua última gota para se extinguir: os efeitos de seu uso sobre o meio ambiente serão cada vez mais importante. O programa eleitoral de Barak Obama prometia aos norte-americanos que o país se tornaria independente das importações de petróleo até 2020. Já Amory Levins, um dos maiores especialistas no tema, sustenta que, até 2040, os Estados Unidos podem emancipar-se não apenas das importações, mas também do uso do petróleo. Ao mesmo tempo, Jeffrey Sachs, em *A riqueza de todos*,[1] mostra-se convencido de que o petróleo ainda vai dominar a matriz energética dos transportes até 2100. A volatilidade dos preços do petróleo reforça esse primeiro fator de incerteza ligado à duração da chamada civilização do petróleo.

A segunda razão de incerteza quanto ao futuro energético do século XXI é que ninguém sabe de que maneira ocorrerá a descarbonização da matriz energética mundial. Lester Brown,[2] por exemplo, não hesita em afirmar que a humanidade já possui tecnologias para "reestruturar a economia energética mundial e estabilizar o clima". No entanto, exclui os biocombustíveis das alternativas viáveis. Robert Bell[3] mostra, estudando o comportamento do próprio mercado acionário, que os inves-

---

1 Jeffrey Sachs, *A riqueza de todos* (Rio de Janeiro: Nova Fronteira, 2008).

2 Lester Brown, *Plan B 3.0 Mobilizing to Save Civilization* (Earth Policy Institute, 2007). Disponível em http://www.earth-policy.org/Books/PB3/index.html.

3 Robert Bell, *La bulle verte: la ruée vers l'or des énergies renouvelables* (Paris: Scali, 2007).

timentos em energia eólica, solar e fotovoltaica, bem como a rapidez das inovações nos motores dos veículos, não sugerem que o petróleo será simplesmente substituído pelas modalidades de energia derivadas da agricultura conhecidas atualmente. Subjacente ao argumento de ambos está a expectativa de que o próprio motor, a explosão interna e os parâmetros que regem a organização do transporte individual sofrerão transformações que acabarão por reduzir o peso que os biocombustíveis poderão ter no futuro. O sucesso da Toyota na introdução de veículos movidos a eletricidade, nos Estados Unidos, seria um sinal nessa direção. Porém, é bom não esquecer que os automóveis flexíveis – movidos a eletricidade ou a álcool – fazem parte das alternativas que o mercado já começa a experimentar numa escala apreciável. Ou seja, a incerteza não permite que os biocombustíveis de primeira geração (álcool e biodiesel) sejam considerados simplesmente como soluções efêmeras, prestes a serem superadas por inovações tecnológicas ligadas à eletricidade, à energia solar ou eólica.

Os biocombustíveis representam ameaça à segurança alimentar mundial? Seu avanço compromete ecossistemas frágeis? São, de fato, capazes de contribuir para a redução do efeito estufa? Podem afirmar-se competitivamente nos mercados de energia garantindo condições de trabalho e remuneração compatíveis com o que se espera de padrões civilizados nas sociedades contemporâneas? Seu crescimento é capaz de ampliar as possibilidades de geração de renda para agricultores familiares? Seus efeitos multiplicadores estimulam a produção de melhores tecnologias tanto na produção agropecuária como na indústria?

É claro que as respostas a essas questões não poderiam ser homogêneas. Primeiramente, há imensa variação entre os próprios biocombustíveis. O balanço energético do etanol produzido no Brasil, a partir da cana-de-açúcar, não pode ser confundido com o do milho norte-americano. Os efeitos sociais das gigantescas extensões de cana-de-açúcar são bem diferentes dos que se originam da produção de biodiesel de soja, da qual uma parte significativa vem de agricultores familiares. Essas diferenças se ampliarão quando os chamados biocombustíveis líquidos de segunda geração entrarem em operação e os resíduos da produção agropecuária e florestal passarem a ser utilizados em larga escala para o etanol celulósico. Quando isso ocorrer, o balanço energético sabidamente negativo do milho norte-americano poderá mostrar-se favorável pelo emprego das partes das plantas atualmente não destinadas à alimentação humana ou animal. Porém, mesmo antes que essas inovações adquiram escala comercial, entre os biocombustíveis que hoje oferecem alternativas ao petróleo na área de transportes – etanol e biodiesel – as diferenças são imensas. É claro, então, que o estudo dos impactos socioambientais dos biocombustíveis deve ser tratado de maneira regionalizada e levando em conta a matéria-prima e as tecnologias envolvidas nos processos produtivos.

Além das evidentes diferenças entre os produtos, há também divergências nos pontos de vista dos atores ligados de uma forma ou outra à expansão dos biocombustíveis: os quatro artigos que compõem este livro são uma síntese das discussões mais importantes quanto ao alcance e os limites dos biocombustíveis, suas vantagens e os riscos socioambientais que oferecem.

Marcos Jank e Márcio Nappo são, respectivamente, presidente e assessor de meio ambiente da União da Indústria de Cana-de-açúcar (Unica). Para eles, o etanol, tal como se expande hoje, no Brasil, representa uma ruptura com as práticas tradicionais do que caracterizou historicamente o latifúndio canavieiro. Eles mostram o extraordinário avanço dos rendimentos da terra e da produtividade do trabalho, com duas consequências decisivas. Em primeiro lugar, a cana-de-açúcar amplia-se ocupando área relativamente pequena na superfície agropecuária do país. Além disso, em torno do etanol desenvolveu-se um ambicioso programa de pesquisa e inovação tecnológica, em que entidades públicas de pesquisa, como a Fundação de Amparo à Pesquisa do Estado de São Paulo (Fapesp), tiveram papel central. O resultado é que, contrariamente ao que se observa em culturas como a laranja ou o algodão, as imensas extensões de cana-de-açúcar não exigiram quantidades crescentes de insumos químicos e tampouco deram lugar a ataques de pragas e doenças que provocassem o recuo da lavoura. Ao contrário, graças ao trabalho de seleção e diversificação de variedades, bem como a um esforço de reaproveitamento dos detritos produtivos, a resiliência das plantações é notável. O texto enfatiza igualmente a integração entre os processos de inovação técnica na agricultura e na indústria. A oferta de veículos *flex* permitiu eliminar a incerteza que, durante os anos 1980, bloqueou o avanço do programa, quando os preços do petróleo caíram e os proprietários de carros a álcool não encontravam o combustível nos postos. Além disso, Jank e Nappo mostram que as unidades industriais caminham em direção ao conceito de biorrefinaria, aproveitando os resíduos produtivos, incorporando-os ao solo ou usando-os no fornecimento de energia elétrica numa magnitude impressionante.

Arnoldo de Campos e Edna Carmélio estão entre os principais responsáveis pela elaboração e pela gestão do Programa Nacional de Produção e Uso de Biodiesel (PNPB). Paralelamente à expansão das usinas de álcool, o governo brasileiro formula e começa a aplicar uma política de apoio à produção de biodiesel, cuja intenção explícita tem o sentido contrário daquele que caracteriza a oferta nacional de álcool a partir da cana-de-açúcar: o PNPB volta-se, de forma declarada, a integrar agricultores familiares à oferta de biocombustíveis e, por aí, contribuir para o fortalecimento de sua capacidade de geração de renda. E pretende fazê-lo em modalidades produtivas que evitem a monocultura e permitam o uso de áreas até então pouco atrativas. O interessante é que o objetivo governamental de vincular a produção de biodiesel à geração de renda para agricultores familiares recebeu imediatamente a adesão de dois atores cujas relações recíprocas oscilam de forma permanente entre o conflito e a indiferença: grandes empresas processadoras de matérias-primas para a produção de biodiesel e o movimento sindical de trabalhadores rurais. Este vínculo declarado entre a oferta de matérias-primas para a produção de biocombustível e a geração de renda pela agricultura familiar – sob o patrocínio do Estado, sob a operacionalização de empresas privadas e com a legitimação contratual por parte do sindicalismo – é inédito, no plano internacional. O mais interessante, no texto de Arnoldo de Campos e Edna Carmélio, é que não se limitam a fazer uma exposição das intenções do programa ou de suas realizações presentes. Seu texto organiza-se como uma resposta direta às principais críticas que o programa recebeu nos últimos anos de alguns dos mais destacados especialistas brasileiros.

Jean Marc von der Weid dirige a Assessoria e Serviços a Projetos em Agricultura Alternativa (AS-PTA), uma das organizações brasileiras mais importantes voltadas a práticas agroecológicas. Seu texto denuncia tanto os riscos ligados à expansão do etanol como a distância entre as intenções e os fatos no programa brasileiro de biodiesel. Mais que isso: o capítulo faz um amplo levantamento internacional das principais críticas hoje endereçadas ao uso dos biocombustíveis como alternativa ao petróleo e questiona, de maneira ampla, se podem ser uma alternativa real ao esgotamento da era do petróleo. Jean Marc coloca em dúvida os principais trunfos do próprio etanol brasileiro destacando os problemas sociais ligados às condições de trabalho em muitas plantações e as ameaças que sua expansão representa tanto para o cerrado como, de forma indireta, para a Amazônia. O próprio balanço energético do etanol brasileiro, apresentado como positivo de forma generalizada entre tantos especialistas, é fortemente contestado com base em pesquisas brasileiras e internacionais. O trabalho vê com preocupação a importância dos investimentos estrangeiros e a concentração fundiária crescente da produção canavieira no Brasil. Ao mesmo tempo, não acredita que o biodiesel seja, de fato, um contrapeso, de natureza socialmente benéfica, aos problemas socioambientais provocados pelo crescimento do etanol.

Ignacy Sachs, professor emérito da École des Hautes-Études en Sciences Sociales (Paris), criou a expressão "ecodesenvolvimento" na época da primeira conferência da Organização das Nações Unidas (ONU) sobre meio ambiente, em Estocolmo, no início dos anos 1970. Desde então seu trabalho procura enfatizar as condições especialmente privilegiadas dos países tropicais para a criação do que ele chama de "civilização da biomassa". A era do petróleo é uma espécie de interregno de dois séculos na história humana, cujo fim se aproxima. O uso da biomassa será cada vez mais importante e o desafio central está em unificar tecnologias de última geração capazes de valorizar os ecossistemas com o acesso dos mais pobres a oportunidades de geração de renda que seu aproveitamento provocará. Este é o principal risco dos biocombustíveis: eles podem dar ocasião a uma extraordinária concentração de renda e à redução das oportunidades de trabalho. Porém, de maneira geral, o texto de Sachs enfatiza o quanto as bioenergias são promissoras como alternativas economicamente viáveis e ambientalmente sustentáveis ao petróleo: resta saber se a organização contemporânea permitirá que sejam também socialmente construtivas. Sachs oferece um conjunto de propostas para que os modelos sociais de oferta de biocombustíveis façam deles uma janela de oportunidades.

A controvérsia exposta neste livro faz parte da própria organização dos mercados brasileiros e internacionais de biocombustíveis. Os pontos de vista favoráveis, críticos e intermediários expostos serão encontrados não apenas nos textos acadêmicos e nas reivindicações dos movimentos sociais, mas nas próprias negociações levadas adiante no interior da União Europeia, nas definições da Organização Mundial do Comércio (OMC) e nos planos empresariais de investimentos. Um exemplo: para fazer do etanol, de fato, uma *commodity* no mercado mundial, a condição é superar o duopólio existente hoje em sua oferta, concentrada nos Estados Unidos e no Brasil. Mais de cem países oferecem condições de participar desse avanço, o que teria vantagens estratégicas notáveis, já que romperia com o risco geopolítico representado hoje pelo pequeno número de nações capazes de oferecer petróleo. Porém, sob que condições socioambientais essa expansão será feita? Respeitará os ecossistemas em que as plantações serão instaladas? Poderá pagar salários e garantir aquilo que a Organização Internacional do Trabalho (OIT) chama de ocupação decente? No caso do biodiesel, a questão é semelhante: caso, de fato, o imenso potencial representado pelas palmáceas seja utilizado, poderá ser compatível com a preservação da biodiversidade das áreas que passará a ocupar?

A energia da controvérsia enriquece não apenas o debate intelectual, mas coloca os movimentos sociais, as organizações não-governamentais, o governo, em suma, a sociedade, no interior mesmo da organização dos mercados.

Etanol de cana-de-açúcar:

uma solução energética global sob ataque

Marcos Sawaya Jank
Márcio Nappo

Introdução

Anteriormente celebrados como solução promissora para mitigar o aquecimento global e substituir parcela importante dos combustíveis fósseis, os biocombustíveis se tornaram, recentemente, alvo de inúmeros questionamentos quanto a sua sustentabilidade socioambiental.

Os principais argumentos contra os biocombustíveis, hoje maciçamente repetidos em campanhas para influenciar a opinião pública internacional, são de que a expansão de sua produção, principalmente em países como o Brasil, ameaça a preservação de florestas tropicais, em especial a Amazônia. Além disso, alega-se que ela pode afetar a produção de alimentos no mundo, gerando inflação e aumentando a fome.

Embora nenhum desses efeitos negativos esteja relacionado com a produção de etanol no Brasil, esses mitos muitas vezes têm se convertido em "verdades inquestionáveis" para boa parte da mídia internacional e influenciado o entendimento de inúmeros formuladores de políticas públicas nos países desenvolvidos, principalmente na União Europeia.

Em resposta a essas preocupações, a Comissão Europeia e seus estados membros têm desenvolvido critérios de sustentabilidade que os biocombustíveis devem atender para poderem ser contabilizados nas metas nacionais de substituição de combustíveis fósseis assumida pelo bloco e para receber incentivos, como o de desoneração tributária. Essas iniciativas, baseadas em diferentes metodologias e definições, variam significativamente entre os países europeus, o que dificulta enormemente o atendimento de todas elas pelo exportador de biocombustíveis e pode, na prática, tornar o mercado europeu um dos mais fechados do mundo.

O caso da Alemanha é emblemático. Em documento recentemente aprovado pelo governo alemão para produção e importação de biocombustíveis, são estabelecidos critérios não realistas e discriminatórios ao etanol brasileiro. O cálculo de valores-padrão utilizado por esse país com relação à redução de gases de efeito estufa (GEE) do etanol brasileiro assume que toda cana-de-açúcar utilizada na produção de etanol é plantada em áreas de cerrado lenhoso,[1] o que é totalmente incorreto. Esse critério faz com que o etanol brasileiro seja considerado um dos piores biocombustíveis do mundo, tornando praticamente impossível sua exportação futura para a Alemanha.

Outra prática discriminatória e tecnicamente absurda que vem sendo discutida pelo bloco europeu é a de que toda matéria-prima utilizada na produção de biocombustíveis pelos outros países, principalmente os emergentes, deve ser produzida de acordo com as mesmas práticas agrícolas e ambientais que vigoram na União Europeia. Além do fato de que os produtores agrícolas europeus recebem enormes subsídios do governo para seguirem essas práticas, várias delas não condizem com a realidade de países tropicais como o Brasil.

Em 2007, o Brasil exportou cerca de 3 bilhões de litros de etanol, principalmente para os Estados Unidos e a União Europeia. Embora, em termos absolutos, esse volume não seja desprezível, de maneira relativa representou apenas 15% da produção nacional, praticamente um valor desprezível quando comparado à produção e ao comércio de gasolina no mundo. Por que, então, o etanol brasileiro se tornou o centro do debate mundial sobre biocombustíveis?

---

[1] Vegetação típica do norte do estado do Mato Grosso, onde se inicia a floresta Amazônica.

Ao contrário do que se coloca internacionalmente acerca dos biocombustíveis, atualmente o etanol brasileiro representa a melhor opção para produção sustentável de biocombustíveis em larga escala. Sob vários critérios importantes, o etanol de cana-de-açúcar oferece um excelente exemplo de como as questões sociais, econômicas e ambientais podem ser colocadas no contexto do desenvolvimento sustentado. Ele reduz as emissões de GEE em até 90% quando utilizado em substituição à gasolina. Para cada unidade de energia fóssil usada em sua produção, o etanol brasileiro produz nove unidades de energia renovável, algo inimaginável para os demais biocombustíveis.

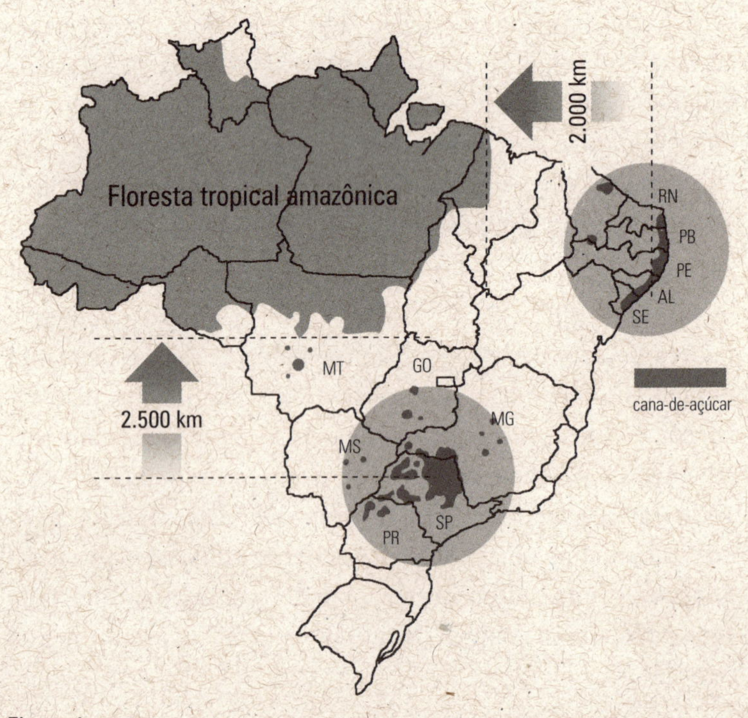

Figura 1

Fonte: Nipe-Unicamp. IBGE e CTC.

O etanol não causa desmatamento. Mais de 85% da cana-de-açúcar brasileira cresce no Centro-Sul do país a mais de 2 mil quilômetros da floresta Amazônica, distância equivalente à que separa Paris de Moscou. Condições climáticas inadequadas ao cultivo da cana e ausência de logística para escoamento da produção inviabilizam essa região para produção de etanol. Os outros 15% são produzidos em estados da região Nordeste a igual distância da floresta.

Atualmente, mais de 50% do consumo de gasolina no país é substituído por etanol produzido em apenas 1% das terras agricultáveis do Brasil (3,4 milhões de hectares). Mais de 90% de todos os carros novos vendidos no Brasil são *flex fuel*, o que significa que o consumidor pode escolher entre a gasolina, o etanol puro ou qualquer mistura dos dois. Todos os postos de combustível no país têm pelo menos uma bomba de etanol.

A produção de biocombustíveis representa uma oportunidade para países em desenvolvimento. Mais de cem países em regiões tropicais e subtropicais do planeta são produtores de cana-de-açúcar, em alguma medida, e possuem o potencial para reproduzir a experiência brasileira na produção de etanol e bioeletricidade. Adotar o etanol de cana como alternativa e complemento à gasolina aumentaria a independência energética desses países em relação ao petróleo importado e reforçaria suas agriculturas, gerando empregos e renda. Isso representaria uma revolução no fornecimento de combustíveis, no qual quase uma centena de países poderia suprir o mundo com biocombustíveis, no lugar dos atuais vinte países produtores de petróleo.

Panorama do setor no Brasil

Cana-de-açúcar

Nos últimos trinta anos, o setor sucroalcooleiro brasileiro viveu uma grande e contínua evolução tecnológica. Hoje, a cana-de-açúcar brasileira é o insumo básico de uma extraordinariamente ampla variedade de produtos de valor agregado, incluindo alimentos, rações animais, biocombustíveis e eletricidade provenientes de biorrefinarias modernas e integradas que produzem açúcar, etanol e bioeletricidade. No futuro próximo, os bioplásticos entrarão nessa lista.

O Brasil é o maior produtor mundial de cana-de-açúcar. A produção do ano-safra de 2007/2008 atingiu um volume recorde, estimado em 490 milhões de toneladas de cana-de-açúcar, processados em cerca de 350 usinas espalhadas pelo país. Destas, cerca de 230 são usinas e destilarias que produzem tanto açúcar como etanol, enquanto 100 produziram apenas etanol. Todas as usinas são autossuficientes na produção de eletricidade, a partir da queima do bagaço da cana.

Atualmente, a cultura de cana-de-açúcar ocupa 7,8 milhões de hectares, ou 2,3% do total de terras cultiváveis do Brasil. A cana-de-açúcar é cultivada principalmente no Sudeste e no Nordeste, com dois períodos diferentes de colheita: de abril a dezembro, na região Centro-Sul, e de setembro a março, na região Nordeste. O Centro-Sul responde por mais de 85% da produção total. Só São Paulo produz mais de 60% da cana-de-açúcar brasileira.

O faturamento anual dos setores de açúcar e etanol gira em torno de US$ 20 bilhões. Em 2007/2008, cerca de 44% dele foi gerado pelas vendas de açúcar, 54%, pela venda de etanol, e os 2% restantes, da bioeletricidade vendida no mercado interno. As vendas de açúcar foram divididas em 36% e 64% entre o mercado interno e o externo, respectivamente, enquanto as vendas de etanol foram dominadas pelo mercado interno, que gerou 85% das receitas, contra 15% das exportações.

Etanol

O etanol, também chamado álcool etílico, pode ser produzido pela fermentação do caldo de cana-de-açúcar e do melaço. É usado de diversas formas há milhares de anos e, recentemente, emergiu como o principal combustível para motores de combustão interna, depois da gasolina. Hoje, representa cerca de 50% do total de combustível consumido pelos automóveis brasileiros.

O Brasil produz dois tipos de etanol: o hidratado, que tem um teor de água de cerca de 5,6% em volume; e o anidro, que é virtualmente isento de água. O etanol hidratado é utilizado em veículos equipados com motores movidos exclusivamente a etanol ou *flex fuel*, enquanto o etanol anidro é misturado com a gasolina antes da venda. Vários países estão passando a misturar etanol anidro à gasolina para reduzir o consumo de petróleo, aumentar a octanagem e fornecer aos motoristas um combustível menos poluente.

O Brasil é pioneiro na utilização do etanol como combustível veicular. O país utilizou etanol em automóveis pela primeira vez na década de 1920, mas a indústria ganhou grande impulso somente na década de 1970, com a introdução do Pró-Álcool, um programa federal de estímulo criado como resposta à crise mundial do petróleo. O Pró-Álcool fez do etanol parte integrante da matriz energética brasileira. O programa enfrentou inúmeros desafios ao longo dos anos, especialmente no fim da década de 1980, quando os preços do petróleo caíram e os do açúcar estavam em alta, mas floresceu novamente nessa década devido aos altíssimos preços da gasolina, às preocupações ambientais e à introdução dos veículos *flex fuel*.

A produção de etanol no Brasil atingiu 22 bilhões de litros na safra de cana-de-açúcar de 2007/2008, um aumento de 23% em relação ao ano anterior. A exemplo do passado, o mercado interno absorverá a maior parte dessa produção, cerca de 84%, sendo os 3,6 bilhões de litros restantes dirigidos à exportação. Vinte e nove novas destilarias estavam previstas para 2008, e o investimento no setor deveria totalizar US$ 33 bilhões até 2012. Mesmo que a crise tenha jogado um espesso véu de incerteza sobre essas perspectivas, a verdade é que os investidores estrangeiros atualmente possuem 22 usinas, número que deve subir para 31 até 2012/2013 (de 7% para aproximadamente 12% do total produzido).

O sucesso do programa de etanol do Brasil é hoje impulsionado por dois grandes fatores: a mistura obrigatória e a expansão do mercado de carros *flex*. A gasolina vendida no Brasil contém de 20% a 25% de etanol anidro, e aproximadamente nove de cada dez carros novos vendidos no mercado brasileiro possuem tecnologia *flex fuel*. Até o fim de 2008, mais de 6 milhões de veículos, ou aproximadamente 25% da frota de veículos leves brasileira, já eram *flex*. Esse total deve subir para 50% em 2012 e para 65% em 2015. A indústria automobilística fez investimentos pesados na tecnologia *flex fuel* e, hoje, oferece mais de sessenta modelos de carros *flex* de dez montadoras. Isso tem levado a um crescente aumento do consumo de etanol no país. Em maio de 2008, o etanol já era responsável por cerca de 50% do consumo nacional de combustíveis entre automóveis e veículos comerciais leves movidos a etanol e/ou gasolina.

A utilização de etanol não se limita a veículos leves. Há planos, em fase de implementação, para a introdução de ônibus movidos a etanol (E-95) na frota da cidade de São Paulo, como parte de um projeto piloto copatrocinado pela União da Indústria de Cana-de-açúcar (Unica) visando ao uso de biocombustíveis no transporte público, com grande potencial de benefícios para o meio ambiente. Por exemplo, a troca de mil ônibus movidos a diesel por modelos movidos a etanol reduziria as emissões de CO_2 em cerca de 96 mil toneladas por ano, o que equivale à emissão de 18 mil automóveis movidos a gasolina. Assim, já existem pequenos aviões de pulverização de defensivos agrícolas fabricados no Brasil movidos a etanol.

As montadoras também estão desenvolvendo tecnologia *flex* para motocicletas, as quais na versão a gasolina, pela ausência de catalisadores, são cerca de seis vezes mais poluentes que os automóveis da mesma categoria.

O êxito do programa brasileiro de etanol está enraizado nas já comprovadas vantagens econômicas e ambientais do etanol da cana-de-açúcar, o qual oferece um balanço de energia fóssil inigualável. Novos estudos demonstram que ele produz 9,3 unidades de energia renovável para cada unidade de combustível fóssil utilizada em seu ciclo de produção, e essa relação pode melhorar ainda mais nos próximos anos. O balanço energético de outras matérias-primas para a produção de etanol, tais como milho, grãos e beterraba, raramente passa de duas unidades. Quando se trata de mitigar as mudanças climáticas, o desempenho do etanol produzido a partir da cana-de-açúcar é ainda mais impressionante. Com base em uma análise do ciclo de vida completo, é possível evitar até 90% das emissões de GEE equivalentes em CO_2 quando se usa etanol de cana-de-açúcar em substituição à gasolina. Em 2007, a produção e o uso de etanol no Brasil reduziram as emissões de GEE em cerca de 25,8 milhões de toneladas equivalentes em CO_2. Ironicamente, nos termos do Protocolo de Kyoto, o uso do etanol de cana-de-açúcar não está gerando créditos por redução de emissões.

Sem nenhum subsídio governamental, o etanol brasileiro passa a competir com a gasolina quando o preço do barril de petróleo ultrapassa os US$ 40. Infelizmente, muitos países desenvolvidos protegem suas indústrias nacionais de etanol com altas tarifas que distorcem o comércio, além de barreiras não-tarifárias, e estimulam o livre comércio de combustíveis fósseis agressivos ao meio ambiente.

Açúcar

O Brasil é o maior produtor e exportador de açúcar do mundo, sendo responsável por aproximadamente 20% da produção mundial e 40% das exportações mundiais. Estima-se a produção nacional de 2007/2008 em 30,5 milhões de toneladas. Cerca de dois terços desse açúcar (20,2 milhões de toneladas) destinam-se à exportação, e o açúcar bruto responde por mais de 65% das vendas no mercado internacional. Mais de 125 países importam açúcar do Brasil. Recentemente, os principais mercados do açúcar brasileiro têm sido a Federação Russa, a Nigéria, os Emirados Árabes Unidos e o Canadá. É importante destacar que praticamente todas as exportações brasileiras são negociadas no mercado livre. As cotas de importação preferenciais dedicadas ao Brasil pelos países desenvolvidos são ínfimas em comparação com o volume total das vendas brasileiras de açúcar. Os Estados Unidos e a União Europeia importam menos de 210 mil toneladas de açúcar brasileiro em condições preferenciais, o que representa apenas 1% das vendas internacionais do país.

O Brasil é membro da Aliança Global pela Reforma e Liberalização do Comércio de Açúcar, organização que defende o comércio livre e justo de açúcar. Em 2003, depois de anos de longas negociações, Brasil, Austrália e Tailândia moveram ação na Organização Mundial do Comércio (OMC) contra os subsídios ao açúcar da União Europeia, alegando violação de acordos comerciais internacionais. Em 2005, a OMC tomou decisão favorável ao Brasil. Em consequência, a União Europeia teve de restringir suas exportações subsidiadas de açúcar de acordo com seu programa de compromissos com a OMC (1,27 milhão de toneladas) e não pôde conceder subsídios cruzados a exportações de açúcar da cota C. Para cumprir com a decisão da OMC, a União Europeia teve de reformar seu programa para o açúcar, reduzindo cotas de produção e preços de referência.

Responsabilidade socioambiental: a sustentabilidade da cana-de-açúcar brasileira

Vantagens competitivas da cana-de-açúcar brasileira

O setor sucroalcooleiro do Brasil é um excelente exemplo de como é possível tratar de preocupações sociais, econômicas e ambientais nos moldes do desenvolvimento sustentável. Atualmente, o etanol da cana-de-açúcar representa a melhor opção para a produção sustentável de biocombustíveis em larga escala.

Mitigando o aquecimento global

No âmbito do aquecimento global, o etanol brasileiro pode ser um forte aliado na redução dos GEEs. Várias estimativas baseadas na análise de ciclo de vida do biocombustível brasileiro, que consideram toda a cadeia de produção, do plantio até o veículo abastecido, demonstram que o etanol brasileiro produzido a partir da cana-de-açúcar reduz as emissões de GEE em até 90% quando utilizado em substituição à gasolina.

O seu balanço energético também é inigualável: nas condições brasileiras, para cada unidade de energia fóssil utilizada em seu processo de produção são geradas 9,3 unidades de energia renovável.[2] Isso significa que o etanol brasileiro é 4,5 vezes melhor do que o etanol produzido de beterraba ou trigo na Europa e quase sete vezes melhor do que o etanol produzido de milho nos Estados Unidos em termos de eficiência na geração de energia renovável. Essa superioridade em termos de eficiência energética deve-se a um conjunto de fatores. Entre eles, os principais são: a imensa capacidade fotossintética da cana-de-açúcar na conversão de energia solar em energia química, a qual vem sendo aprimorada por meio de melhoramentos genéticos nos últimos trinta anos no Brasil; e o uso de biomassa na geração da energia utilizada no processo de produção de etanol e açúcar nas usinas brasileiras.

Diferentemente do que acontece na produção de biocombustíveis nos Estados Unidos e na Europa, as usinas de açúcar e etanol brasileiras geram sua própria energia elétrica por meio da queima do bagaço de cana. Esse processo, chamado cogeração, não somente produz bioeletricidade suficiente para atender às necessidades energéticas das unidades industriais como

---

[2] I. C. Macedo, J. E. A. Seabra & J. E. A. R. Silva, "Green House Gases Emissions in the Production and Use of Ethanol from Sugarcane in Brazil: the Biomass and Bioenergy", 2008, disponível em http://www.sciencedirect.com/science?_ob=ArticleURL&_udi=B6V22-4RKDHMM-1&_user=10&_rdoc=1&_fmt=&_orig=search&_sort=d&view=c&_acct=C000050221&_version=1&_urlVersion=0&_userid=10&md5=7f937b5b04544202eba0578b6d7d008f.

também gera excedentes que podem ser vendidos no mercado de eletricidade.

Praticamente a totalidade das usinas brasileiras é autossuficiente na geração de energia e potencial geradora de bioeletricidade excedente. Atualmente, as usinas de açúcar e etanol têm um potencial médio de geração de excedentes de energia equivalente a 1.800 megawatts médios (MW), o que corresponde a apenas 3% das necessidades do Brasil. No entanto, com a modernização das usinas, por meio da utilização de caldeiras mais eficientes, e em função da adição da palha de cana (pontas e folhas dos talos) à biomassa do bagaço, estimativas sugerem que, até 2015, essa geração possa chegar a 11.500 MW médios, ou 15% da demanda de energia elétrica do país. Esse valor é superior ao gerado pela hidrelétrica de Itaipu e equivale ao consumo anual de energia de países como Argentina ou Holanda.

Em um contexto de demanda crescente por energia no país, a geração em larga escala de excedentes de bioeletricidade é fundamental para manter a matriz energética brasileira como a mais limpa do mundo, evitando que o país tenha que utilizar combustíveis fósseis na geração termoelétrica de energia. Além disso, o período de colheita da cana-de-açúcar, em que a maior parte da sua biomassa está disponível para cogeração, coincide com a estação seca, quando as usinas hidrelétricas, responsáveis pela maior parte da energia elétrica do país, geralmente têm a produção reduzida devido aos baixos níveis de seus reservatórios. Essa alternância nos ciclos de produção torna as duas fontes de eletricidade complementares, aumentando a segurança energética do país. Também, devido ao fato de que a maioria das usinas de açúcar e etanol situa-se razoavelmente perto das regiões mais populosas do Brasil, as quais concentram a maior demanda por eletricidade, os excedentes de bioeletricidade gerados não exigem grandes redes de conexão, ao contrário do que ocorre com o sistema hidrelétrico.

O etanol brasileiro de cana-de-açúcar ainda se caracteriza pelo menor custo de produção e o mais alto nível de produtividade em termos de litros de biocombustível por hectare de terra utilizada. Enquanto a produção do etanol brasileiro chega a cerca de 7 mil litros por hectare, o etanol europeu de beterraba alcança em média 5,5 mil litros por hectare e o americano de milho, por volta de 3,8 mil litros por hectare. Nesse sentido, além da evidente relação entre produtividade e custos de produção, o maior rendimento do etanol brasileiro também representa um uso mais eficiente dos recursos naturais diante das alternativas de combustíveis renováveis baseadas em outras matérias-primas. As novas variedades de cana-de-açúcar desenvolvidas no Brasil, aliadas à futura introdução da hidrólise celulósica (produção de etanol a partir de biomassa), têm potencial de impulsionar a produtividade para até 13 mil litros por hectare. Além das implicações diretas na redução dos custos de produção, o aumento da produtividade é vital, pois permitirá rendimentos maiores, sem a necessidade de expansão das áreas cultivadas.

Boas práticas agrícolas e ambientais

Outro ponto fundamental na avaliação da sustentabilidade ambiental dos biocombustíveis refere-se às práticas agrícolas utilizadas na produção de suas matérias-primas com relação ao uso de agroquímicos, perdas do solo e utilização de água na agricultura e nos processos industriais. Nesse sentido, cabe ressaltar que a cana-de-açúcar, de modo geral, se apresenta como uma das culturas de menor impacto ambiental, quando comparada às principais atividades agrícolas no Brasil ou em relação às alternativas de matéria-prima para biocombustíveis no mundo.

Com relação aos agroquímicos, o uso de pesticidas nos canaviais brasileiros é baixo, e o de fungicidas, praticamente inexistente. Parte significativa das pragas que ameaçam a cana-de-açúcar é combatida por meio do manejo integrado de pragas, do controle biológico e de programas avançados de melhoria genética que ajudam a identificar as variedades mais resistentes de cana-de-açúcar. Devido ao uso inovador de fertilizantes orgânicos, produzidos a partir de resíduos do processo de produção de etanol e açúcar, tais como a vinhaça e a torta de filtro, os canaviais brasileiros também usam relativamente pouco fertilizante industrializado.

Os canaviais brasileiros também apresentam níveis relativamente baixos de perdas do solo, graças ao caráter semiperene da cana-de-açúcar, que é replantada apenas uma vez a cada seis anos. A tendência é de que as perdas atuais, ainda que limitadas, diminuam expressivamente nos próximos anos em consequência do uso cada vez maior da palha da cana-de-açúcar deixada nos campos para proteger o solo, após a colheita mecanizada. Com o passar dos anos, essa palha, que deixa de ser queimada na colheita da cana, é incorporada ao solo como material orgânico, tornando-o mais fértil e aumentando seus níveis de carbono, o que evita a dispersão para a atmosfera.

Na fase agrícola, as plantações de cana-de-açúcar praticamente não precisam de irrigação, pois a chuva é abundante e confiável, especialmente no Centro-Sul do país, onde se concentram mais de 85% da produção nacional de cana. Como complemento à chuva utiliza-se a fertirrigação nos canaviais, processo que envolve a aplicação de vinhaça, um resíduo rico em água e nutrientes orgânicos, principalmente potássio, proveniente do processo de produção de açúcar e etanol. Portanto, por meio da fertirrigação a maior parte da água contida na cana, proveniente das chuvas, volta aos campos.

O volume de água utilizado durante o processo industrial de produção de açúcar e etanol vem diminuindo muito com o passar dos anos, de cerca de 5 m^3 por tonelada para aproximadamente 1,5 m^3 por tonelada de cana-de-açúcar processada. Essa forte redução na captação de água para uso industrial se deve ao fechamento do sistema, que ocorreu principalmente após alguns estados passarem a cobrar pela captação de água, como ocorreu no estado de São Paulo recentemente. Muitas usinas já apresentam números inferiores a 1 m^3 por tonelada de cana-de-açúcar processada e, com a disseminação de novas tecnologias, como a lavagem a seco da cana que chega à usina, o setor espera reduzir ainda mais o uso industrial de água.

Autorregulação e novos modelos de governança

Importantes iniciativas na área de autorregulação e novos modelos de governança também têm sido adotados no setor sucroalcooleiro brasileiro com o objetivo de incentivar as melhores práticas e avançar na agenda da sustentabilidade socioambiental. O "Protocolo Verde" no estado de São Paulo e o Grupo de Diálogo da Cana-de-Açúcar (GDC) são emblemáticos.

O "Protocolo Verde" no Estado de São Paulo

Uma das iniciativas mais importantes lançadas pelo setor sucroalcooleiro é o "Protocolo Verde", também conhecido como "Protocolo Agroambiental", firmado com o governo do estado de São Paulo em junho de 2007, no qual a indústria canavieira paulista se compromete a acelerar a eliminação da queima da palha da cana-de-açúcar, prática tradicional que facilita a colheita manual da cana. O "Protocolo Verde" antecipou de 2021 para 2014 a data de sua erradicação nas áreas onde já é possível a colheita mecanizada e de 2031 para 2017 nas demais, como áreas de inclinação superior a 12%. O protocolo também estabelece que, a partir de novembro de 2007, novos canaviais no estado devem ter colheita totalmente mecanizada. Com isso, em um prazo máximo de nove anos, toda a cana colhida em São Paulo será feita de forma mecanizada e sem queima, levando o setor a um novo patamar em termos de sustentabilidade ambiental.

A colheita mecanizada, sem queima da cana, não só eliminará completamente os problemas causados pela emissão de fuligem originados da palha queimada, como também promoverá a volta da biodiversidade aos canaviais, principalmente da flora composta de micro-organismos, insetos, aves e pequenos roedores.

Além da antecipação dos prazos para a eliminação da queima da cana-de-açúcar, o protocolo também se refere a outros pontos importantes de uma agenda ambiental, como a proteção de matas ciliares e a recuperação daquelas ao redor de nascentes, planos técnicos de conservação do solo e dos recursos hídricos e medidas de redução de emissões atmosféricas no processamento da cana.

Onze meses após sua assinatura, o "Protocolo Verde" do Estado de São Paulo, responsável por 60% da produção nacional de cana-de-açúcar, já apresentava resultados impressionantes. Em maio de 2008, 145 das 162 usinas de açúcar e etanol paulistas já haviam aderido voluntariamente ao protocolo. Em função disso, houve grande avanço da colheita mecanizada (sem uso de queima): de 34% da cana colhida no estado na safra 2006/2007 para 47% na safra 2007/2008. Em um ano, a área colhida sem uso de fogo aumentou 657 mil hectares, o equivalente a quase 1 milhão de campos de futebol. Mantendo-se o ritmo de mecanização de 2007, ano em que 550 novas colheitadeiras entraram em operação, será possível completar a mecanização antes mesmo dos prazos previstos no protocolo.

Outro ponto fundamental para o completo sucesso da iniciativa foi a adesão de mais de 13 mil fornecedores de cana do estado, vinculados à Organização de Plantadores de Cana da Região Centro-Sul do Brasil (Orplana), ao protocolo. Com isso, atualmente quase toda a cadeia de produção de açúcar e etanol de São Paulo participa do protocolo.

Finalmente, é importante ressaltar que os produtores de açúcar e etanol, e as organizações trabalhistas e diferentes esferas de governo, estão trabalhando para desenvolver cursos profissionalizantes e programas de requalificação para atenuar os reflexos da mecanização entre os trabalhadores de corte manual de cana-de-açúcar.

Grupo de Diálogo da Cana-de-açúcar (GDC)

O diálogo entre empresas e organizações não-governamentais (ONGs) torna-se cada vez mais frequente, substituindo o tradicional antagonismo por um novo tipo de governança para resolução de conflitos e implementação de agendas. Essa nova abordagem, chamada de diálogo *multistakeholder*, considera fundamental a participação de toda a cadeia produtiva e demais agentes impactados direta e indiretamente pelo processo de produção. Esses outros agentes, de modo geral, são representados por ONGs, movimentos sociais e sindicatos.

Segundo o Instituto para o Agronegócio Responsável (Ares), a aproximação entre ONGs e empresas deve se iniciar de maneira informal, com um diálogo voltado para o reconhecimento das respectivas agendas e discussão preliminar de pontos importantes para futuro aprofundamento. Esse processo informal pode avançar para a formalização, por meio da criação de grupos de trabalho temáticos, mesas-redondas ou mesmo a criação de organizações dedicadas à certificação socioambiental, como o selo FSC para produtos florestais. O momento da formalização exige ampla discussão sobre o balanceamento do grupo, podendo seguir vários moldes: social, ambiental e econômico; produção, indústria, ONGs e outros. Se o intuito for a criação de sistemas de verificação ou certificação, o próximo passo é a definição de princípios e critérios – a fase de *storming* do processo. Nesse momento, os pontos de desacordo são negociados e o avanço só ocorre se houver real comprometimento das partes envolvidas com a iniciativa. Segue-se, então, a formalização dos processos de monitoramento, verificação e certificação (se essas forem as orientações aprovadas pelo grupo). O esquema apresentado na Tabela 1 indica como o Ares aborda o desenvolvimento desses processos.

A partir dessa concepção foi criado, em novembro de 2007, o Grupo de Diálogo da Cana-de-açúcar. O GDC, como ficou conhecido o grupo, foi uma iniciativa da Unica com o objetivo de reunir o setor produtivo de açúcar, etanol e bioeletricidade da região Centro-Sul, sindicatos e ONGs ligadas a questões sociais e ambientais em um trabalho conjunto, visando à construção de um ambiente de diálogo sobre sustentabilidade na indústria da cana-de-açúcar.

Participam do GDC representando o setor produtivo: Unica, Copersucar, Cosan, Açúcar Guarani, Crystalsev e Ade-

Tabela 1

Metodologia de engajamento *multistakeholder*

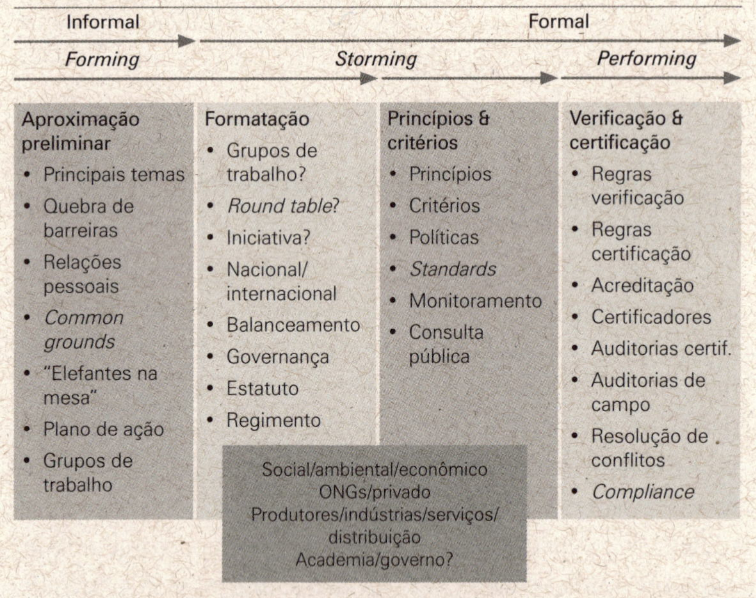

Fonte: Roberto Waack, disponível em http://www.latec.uff.br/cneg/documentos/palestras_cne4/ares_meire_ferreira.pdf.

coagro. A sociedade civil é representada pela Federação dos Trabalhadores Rurais Assalariados do Estado de São Paulo (Feraesp), Instituto Observatório Social, Global Reporting Initiative (GRI), Conservação Internacional (CI), The Nature Conservancy (TNC), World Wildlife Fund (WWF), SOS Mata Atlântica e Amigos da Terra – Amazônia Brasileira. O Instituto Ares atuará como facilitador do processo de diálogo.

O grupo identificou quatro temas de trabalho considerados prioritários:

- Código florestal e paisagens produtivas.
- Matriz energética e mudanças climáticas.
- Condições de trabalho.

- Mecanização – efeitos sobre os trabalhadores/requalificação.

Biocombustíveis e sustentabilidade: uma nova abordagem

Além dos conceitos tradicionais de boas práticas agrícolas e ambientais, melhora nas condições de trabalho e outros aspectos sociais ligados ao processo produtivo, mais recentemente a abordagem que relaciona biocombustíveis e sustentabilidade tem ganhado novos contornos. Temas novos como mudanças no uso da terra, segurança alimentar (caracterizada pelo "conflito" alimentos *versus* energia) e certificação socioambiental de biocombustíveis têm dominado o debate internacional. Infelizmente, na maior parte das vezes, a discussão sobre essa nova temática dos biocombustíveis tem assumido contornos nitidamente políticos, desviando-se da análise técnica e científica para o campo da especulação e preconceitos em relação aos países em desenvolvimento produtores de biocombustíveis.

A expansão do etanol no Brasil tem sido constantemente acusada, de forma injusta, de contribuir para o desmatamento da região amazônica, de maneira direta ou indireta, além de ser incorretamente associada à escalada dos preços internacionais de importantes *commodities* agrícolas. Vários países da União Europeia, além de sua Comissão Executiva, têm proposto rígidos processos de certificação para produção e importação de biocombustíveis, baseados principalmente nas questões de mudanças do uso do solo e dos impactos dessa produção sobre a oferta de alimentos.

Quando se busca a realidade da produção de etanol no Brasil, verifica-se a enorme distância entre os fatos e suas versões. Embora reconhecendo a importância das atuais discussões sobre mudanças no uso da terra, principalmente no que concerne à preservação de áreas de alto valor biológico, é importante frisar que a expansão da cana-de-açúcar para produção de etanol não ocorre em biomas sensíveis. Nos últimos 25 anos, essa expansão ocorreu na região Centro-Sul do Brasil, principalmente no estado de São Paulo, em áreas muito distantes da floresta Amazônica e de outras áreas ecologicamente importantes, como o Pantanal mato-grossense. Além do fato de a produção de cana-de-açúcar não ser economicamente viável na floresta Amazônica – por razões técnicas, como a ausência de alternância de estações secas e úmidas, fundamental para que a planta cresça e aumente seu teor de sacarose –, essa região ainda não possui uma infraestrutura de transporte confiável para escoar o produto final (açúcar ou etanol, pois a cana não pode ser transportada a longas distâncias).

Para os próximos anos, prevê-se que a expansão do setor continuará no Centro-Sul brasileiro, especialmente em áreas de pastagens degradadas ou com baixíssima produtividade. Segundo estimativas do Ministério da Agricultura, existem atualmente cerca de 30 milhões de hectares de pastagem com baixa produtividade que poderão ser substituídos pela agricultura nos próximos anos. As áreas mais promissoras para a futura expansão são o oeste do estado de São Paulo, o oeste do estado de Minas Gerais e as regiões sul dos estados de Mato Grosso do Sul e Goiás.

Outro mito muito difundido é o de que a expansão do setor sucroalcooleiro empurrará outras atividades, como a criação de gado e o cultivo de soja, para a floresta Amazônica. O caso do estado de São Paulo, que concentra 60% da produção brasileira de cana-de-açúcar e onde ocorreu a maior parte da expansão do setor nos últimos anos, pode ajudar a jogar um pouco de luz sobre essa questão. Dados do Instituto de Economia Agrícola de São Paulo[3] indicam que entre 2001 e 2006 houve forte redução da área de pastagem no estado e concomitante aumento do número total de cabeças de gado. A maior parte dessa diminuição de pastos se deu em decorrência da utilização dessas áreas para a produção de cana-de-açúcar. Isso significa que a introdução da cultura da cana nas áreas de pastagem degradada ou de baixa produtividade no oeste do estado de São Paulo levou a uma maior racionalidade no uso do solo e capitalizou os produtores de gado, que foram capazes de aumentar o número de cabeças por hectare nas áreas remanescentes. Como resultado, tanto a produção de carnes como a de cana têm aumentado no estado.

Da mesma maneira, embora esteja havendo substituição, em algumas áreas, de soja por cana, em escala muito pequena, o que se observa no Brasil é uma prática normal de substituição de culturas agrícolas conforme variam suas rentabilidades. Esse processo tem ocorrido principalmente por intermédio do arrendamento das áreas, sem que isso implique o avanço da fronteira da soja. Nos últimos anos, segundo dados do Instituto Brasileiro de Geografia e Estatística (IBGE), a área com soja no país retrocedeu de 23,3 milhões de hectares (safra 2004/2005) para os atuais 21,2 milhões de hectares (safra 2007/2008), apesar do aumento da área com cana. Mais recentemente, inclusive, parte significativa dessas áreas tem sido reconvertida para a produção de soja, o que evidencia que essa produção não foi deslocada pela cana-de-açúcar para novas áreas. Portanto, a expansão da cana não leva necessariamente ao deslocamento de outras atividades agrícolas.

---

[3] A. M. P. Amaral *et al.*, *Estimativa da produção animal no estado de São Paulo para 2006. Informações econômicas*, 37 (4), São Paulo, Instituto de Economia Agrícola, abril de 2007, pp. 91-104.

O falso dilema alimentos *versus* agroenergia no Brasil

A discussão mundial sobre o conflito alimentos *versus* energia não faz sentido no Brasil. Os fatos demonstram isso. Embora a produção de cana-de-açúcar nas últimas décadas tenha aumentado de forma espetacular (de 100 milhões de toneladas em 1976 para os quase 500 milhões de toneladas em 2007), o Brasil não reduziu o ritmo de produção de alimentos. Ao contrário, a safra de grãos de 2007/2008, mais de 140 milhões de toneladas, bateu recorde histórico e a produção praticamente dobrou na última década.

Tanto no caso da cana como no da produção de alimentos em geral, o enorme crescimento baseou-se mais em ganhos de produtividade ao longo dos anos do que em simples aumento de área agrícola. A produtividade da cana-de-açúcar cresceu a uma taxa média anual de 1,4% desde 1970. Se, em contrapartida, tomarmos a produtividade de etanol em litros por hectare, de modo a contemplar, além dos ganhos agrícolas, também os de eficiência nos processos industriais, a taxa anual média de crescimento passa a ser de aproximadamente 3%, ou seja, a produtividade do etanol brasileiro mais que dobrou nesse período. A produtividade de importantes culturas alimentares como soja, milho e arroz também teve ganhos expressivos na mesma época. A produtividade da soja cresceu a uma taxa média anual de 2,5%, o milho, a uma taxa média anual de 2,6%, e o arroz, a uma taxa média anual de 2,5%. Portanto, a agricultura brasileira como um todo, na produção de alimentos e energia, tem sido um sistema poupador de área, no qual o crescimento tem sido impulsionado por produtividade e não por mobilidade ou desmatamento.

Ressalte-se ainda que a área cultivada com cana-de-açúcar destinada à produção de etanol no Brasil, de 3,4 milhões de hectares, equivale a apenas 7% da atual área utilizada com grãos. Se incluirmos as áreas de pastagem e aquelas consideradas aptas à produção agrícola, totalizando 354 milhões de hectares de terras agricultáveis segundo o IBGE, aquele percentual se reduz para apenas 1%. Cabe mencionar que com apenas este 1% de terras agricultáveis o setor produz etanol suficiente para substituir mais da metade de todo o consumo nacional de gasolina e ainda gerar excedentes exportáveis da ordem de 15% da sua produção.

O Gráfico 1 mostra o total da área cultivada com grãos e com cana-de-açúcar no ano-safra 2007/2008 no Brasil, e a respectiva expansão na última década.

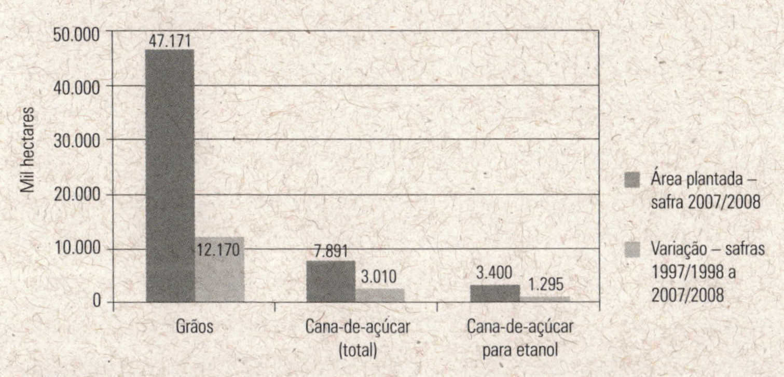

Gráfico 1

Área plantada de grãos, cana-de-açúcar e cana-de-açúcar destinada à produção de etanol no Brasil na safra 2007/2008, e respectiva variação entre as safras 1997/1998 e 2007/2008.

Nota: Grãos considerados para computo da área são: algodão, amendoim, arroz, aveia, centeio, cevada, feijão, girassol, mamona, milho, soja, sorgo, trigo e triticale. Cana destinada à produção de etanol estimada a partir de dados do Ministério da Agricultura, Pecuária e Abastecimento – Balanço Nacional da Cana-de-açúcar e Agroenergia 2007. Área plantada de "Cana-de-açúcar (total)" abrange cana-de-açúcar destinada à produção de etanol, de açúcar e outros fins (alimentação animal, produção de aguardente, etc.).

Fonte: Companhia Nacional de Abastecimento (Conab) e Instituto Brasileiro de Geografia e Estatística (IBGE).

Além disso, o país tem hoje as melhores condições para promover o aumento da produção de cana, sem prejuízo de outras culturas ou da biodiversidade.

Outro importante fator relacionado ao futuro aumento da plantação de cana no Brasil é o impacto das novas tecnologias, que permitirão o crescimento da produção de etanol a partir de ganhos de eficiência e produtividade. Na área agrícola, novas variedades melhoradas geneticamente podem aumentar o teor de açúcar em até 20%, gerando muito mais litros de etanol por hectare. Além disso, a tecnologia da hidrólise de celulose, com disponibilidade prevista a partir de 2015, possibilitará a utilização do bagaço e da palha da cana na produção de etanol, o que permitirá um ganho de produtividade de 37 litros por tonelada de cana. A utilização conjunta dessas novas tecnologias deve levar a um forte incremento na produção de etanol por hectare e, consequentemente, à redução na demanda por novas áreas para expansão da cana no Brasil.

Assim, afinal, se a expansão da cana-de-açúcar e a produção de etanol não afetam a produção de alimentos, o que justifica a forte alta dos seus preços no Brasil no primeiro semestre de 2008? Os preços internos subiram fundamentalmente como reflexo direto da alta no mercado internacional que, segundo o Fundo Monetário Internacional (FMI), foi da ordem de 53% desde abril de 2007. O Brasil, pela sua forte integração com as demais economias e devido a sua condição exportadora privilegiada no agronegócio, sente os reflexos das oscilações desses preços quase instantaneamente.

No cenário internacional é importante observar que a crise dos alimentos é multidimensional. Diversos são os fatores que pressionam os preços dos alimentos, mas a responsabilidade por sua elevação está sendo atribuída injustamente aos biocombustíveis, de forma generalizada.

O primeiro fator, e seguramente o mais importante, refere-se ao formidável fortalecimento das principais economias emergentes mundiais. O processo simultâneo de ampliação da renda associado à urbanização das populações, observado nos principais países em desenvolvimento, particularmente na China e na Índia, tem pressionado fortemente a demanda por alimentos no mundo. O aumento da renda *per capita* faz com que contingentes enormes da população desses países passem a ter mais recursos para se alimentar. O processo maciço de urbanização provoca importante mudança nos hábitos alimentares da população que migra do campo para a cidade e passa a substituir o consumo de grãos e tubérculos pelas chamadas proteínas "mais nobres", como carnes e lácteos. Para produzir 1 kg de carne, por exemplo, são utilizados de 5 kg a 8 kg de grãos, o que provoca um aumento exponencial no consumo destes últimos. Se considerarmos apenas China e Índia, que abrigam mais de um terço da população mundial, o crescimento anual da renda, que vem ultrapassando os dois dígitos há vários anos, tem causado um impressionante aumento da demanda por alimentos naqueles países. Somente na China, com uma população de 1,3 bilhão de habitantes, o consumo de carnes passou de 25 kg *per capita* em 1995 para 53 kg em 2007.

Outro fator fundamental que contribuiu para o aumento dos preços dos alimentos foi a alta dos custos de produção das *commodities* agrícolas. Fertilizantes e defensivos, responsáveis por cerca de um terço do custo de produção internacional de culturas como a soja e o milho, tiveram seus preços mundiais substancialmente elevados. Os preços internacionais da ureia, por exemplo, subiram cerca de 50%, entre abril de 2007 e abril de 2008. Nesse período, potássio e fosfato tiveram seus preços mundiais elevados em mais de 150%, enquanto o do óleo diesel aumentou em 59%.

O Gráfico 2 apresenta esses números e os compara com a alta dos alimentos no período.

Outros importantes fatores são: as quebras de safra registradas na Austrália e Europa, principalmente para o caso do trigo; a desvalorização do dólar americano, impactando todos os produtos cotados nessa moeda – como é o caso da maioria das *commodities* agrícolas; o aumento da especulação, por parte de fundos de investimentos (*hedge funds*) sobre essas *commodities* agrícolas; a redução dos estoques globais de diversos itens agropecuários e, ainda, a política protecionista e os subsídios

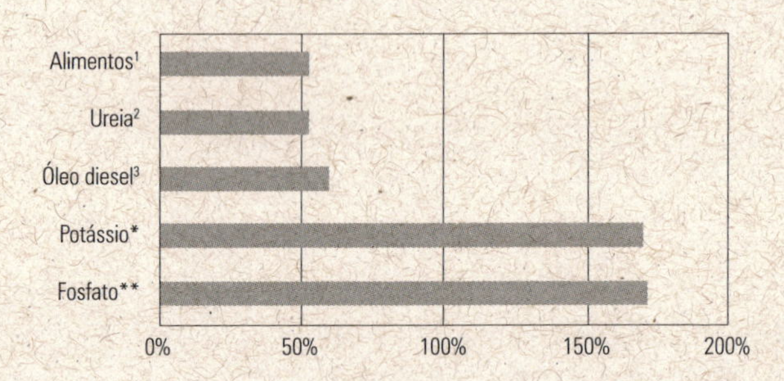

Gráfico 2

Taxa de crescimento dos preços internacionais dos alimentos e insumos agrícolas selecionados, entre abril de 2007 e abril de 2008.

(¹) Índice de preço de alimentos, divulgado mensalmente pelo FMI; abrange indicadores de preços de cereais, óleos vegetais, carnes, pescados, açúcar, banana e laranja.
(²) Preço *spot* da ureia no Báltico e Golfo (Food Outlook – Global Market Analysis, FAO).
(³) Preço líquido do diesel na bomba, em nações selecionadas (EIA).
(*) Preço *spot* do cloreto de potássio no Báltico e Vancouver (Food Outlook – Global Market Analysis, FAO).
(**) Preço *spot* do fosfato diamônico no Norte da África e Golfo (Food Outlook – Global Market Analysis, FAO).
Fonte: Fundo Monetário Internacional (FMI), Energy Information Administration (EIA) e Organização das Nações Unidas para Alimentação e Agricultura (FAO).

domésticos praticados pelos países desenvolvidos, os quais desestimulam a produção agrícola em outras partes do mundo. Tem-se assim uma conjuntura única de fatores que deflagraram o processo de alta dos preços agrícolas observado ao longo do ano de 2008.

A relação da produção de biocombustíveis com a alta global dos preços dos alimentos se circunscreve basicamente ao programa norte-americano de etanol produzido a partir do milho. Atualmente, cerca de 20% da produção de milho norte-americana tem sido empregada na produção de etanol. Na medida em que os Estados Unidos respondem por mais de 60% da exportação mundial dessa *commodity*, o uso de parte significativa de sua produção para fins energéticos tem provocado a elevação dos preços internacionais.

É fato, no entanto, que esse impacto é extremamente pequeno se considerados todos os fatores citados, além do ajuste da oferta que se espera que ocorra em médio prazo. Segundo a FAO, as terras cultivadas com alimentos no mundo totalizam 1,4 bilhão de hectares, dos quais somente 15 milhões são utilizados para a produção de etanol, ou seja, 1%. A grande pergunta é: como esse 1% pode ser responsabilizado pelo aumento do preço de produtos cultivados nos outros 99% de área? Ainda segundo a FAO, o potencial de terras aráveis no mundo é de aproximadamente 4 bilhões de hectares. Portanto, existem recursos ociosos que permitem aumentar tanto a produção de alimentos como a de biocombustíveis, desde que haja avanço e difusão das melhorias técnicas de produtividade.

Aos poucos a realidade dos fatos começa a se impor sobre as versões falaciosas a respeito dos biocombustíveis. Diversos artigos de respeitados organismos internacionais, como a Organização para a Cooperação e Desenvolvimento Econômico (OCDE), o Banco Mundial, a Conferência das Nações Unidas para Comércio e Desenvolvimento (The United Nations Conference on Trade and Development – Unctad), entre outros, têm trazido luz ao debate alimentos *versus* energia e desmistificado a participação dos biocombustíveis, principalmente do etanol brasileiro, nessa questão.

Certificação socioambiental de biocombustíveis

Os processos de certificação socioambiental são tendência mundial em muitos setores. Servem para melhorar a imagem dos produtos, facilitar a decisão de compra para clientes e consumidores e evitar barreiras ao comércio internacional. O ponto de partida para a discussão de um sistema de certificação deve obrigatoriamente abranger os três pilares da sustentabilidade (*tripple bottom line*): ambiental, social e econômico. Dessa forma, um produto deve ser ambientalmente adequado, socialmente justo e economicamente viável para ser considerado sustentável a longo prazo.

Outro ponto crucial para esse processo refere-se à definição dos atores que irão integrar o processo negociador que desenvolverá as normas de certificação. A abordagem *multistakeholder* tem se mostrado a mais apropriada, pois visa reunir os principais atores interessados, envolvendo o setor privado (produtores, indústrias, associações), o setor de serviços (representado pelos bancos), a academia e a sociedade civil organizada, geralmente representada pelas ONGs (sociais, ambientais e de consumidores).

O objetivo da negociação contemplando múltiplos atores é agregar legitimidade ao processo. Uma certificação criada num âmbito muito restrito tem mais chances de ser refutada se comparada com uma certificação criada com base em um amplo diálogo. Além disso, uma certificação só terá valor se também for reconhecida pelos importadores dos produtos certificados e pelos países produtores. Portanto, é importante que seu processo de criação siga procedimentos que favoreçam a transparência e levem à construção de um sistema forte e idôneo. Por essa razão, um sistema de certificação deve cumprir as seguintes etapas:

1. Constituir um fórum de diálogo, estabelecendo o conjunto de participantes, sua legitimidade e representatividade para com o processo produtivo (ou produto) em questão. Além disso, é fundamental definir um processo de governança do grupo ("regras do jogo"), que deve incluir a constituição de um grupo gestor, a criação de grupos de trabalho temáticos, a definição de um processo de resolução de impasses (votação ou consenso) e de comunicação entre os atores envolvidos e a sociedade de modo geral. O principal objetivo dessa etapa é desenvolver um ambiente de discussão equilibrado e transparente.

2. Determinar os temas de trabalho e os princípios-base associados a esses temas. Em geral, os princípios são afirmações universais aplicáveis a um grande número de processos produtivos diferentes (por exemplo, "tolerância zero ao trabalho infantil e escravo").

3. Promover um debate amplo e transparente, com o objetivo de definir os critérios que farão parte da certifi-

cação. Esses critérios devem ser referentes e aplicáveis aos produtos em questão. Nessa etapa, é fundamental a criação de grupos de trabalho que deverão tratar de temas específicos, como meio ambiente, questões sociais, econômicas e técnicas. Os integrantes desses grupos de trabalho deverão ser escolhidos com base em sua capacitação e conhecimento técnico, respeitando a representatividade dos atores envolvidos. Também é comum a participação de *experts* externos para tratar de assuntos polêmicos ou muito específicos.

4. Estabelecer indicadores claros, simples e objetivos para mensurar o grau de conformidade do processo produtivo (ou produto) aos critérios adotados.
5. Implementar sistemas de monitoramento: depois de cumprir os passos anteriores, é necessário criar um sistema de monitoramento que possa verificar se os princípios e critérios estabelecidos estão sendo cumpridos. A análise da conformidade deve ser feita por auditores independentes, credenciados por um órgão acreditador, que pode ser o próprio grupo gestor da certificação ou instituições acreditadoras oficiais.

As etapas propostas visam reforçar o processo negociador, na medida em que criam entre os atores envolvidos um ambiente propício para se discutir e chegar a um objetivo comum. Há uma lógica em cumprir cada etapa no momento adequado. Reunir critérios e montar um plano de monitoramento sem uma ampla discussão, visando pôr a certificação em prática o mais rápido possível, não parece ser um caminho sensato. Por fim, é importante dizer que o processo de negociação de uma certificação tende a ser lento, uma vez que um dos princípios que deve guiá-lo é o consenso. A Figura 2 sintetiza os passos estratégicos em um processo de certificação *multistakeholder*.

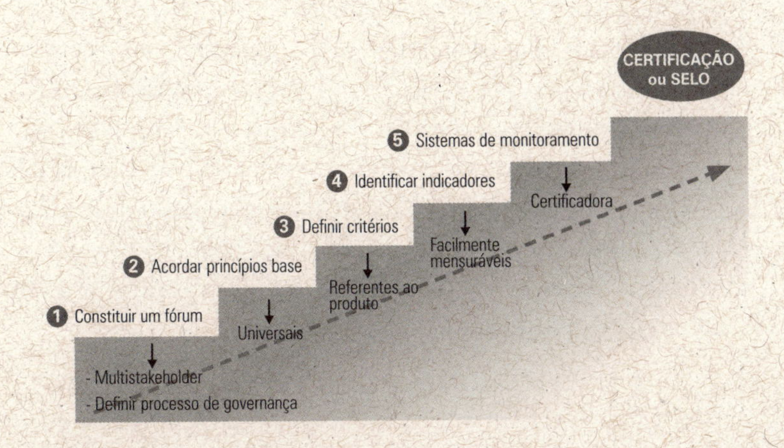

Figura 2
Etapas de um processo de certificação.

Certificação do etanol: "a babel das certificações"

Não há ainda princípios e critérios acordados internacionalmente que definam as práticas sustentáveis para a produção de biocombustíveis. No entanto, com o destaque atual que os biocombustíveis – e especialmente o etanol, no caso do Brasil – vêm recebendo em âmbito mundial, inúmeras iniciativas têm sido criadas com o objetivo de certificar os biocombustíveis. A maior parte delas vem da Europa. Elas se dividem em três grandes grupos: iniciativas de caráter nacional, iniciativas internacionais ou regionais e iniciativas globais *multistakeholders*.

No primeiro grupo estão as propostas de certificação de biocombustíveis e biomassa que estão sendo desenvolvidas pela Inglaterra, Suíça, Holanda, Alemanha e Estados Unidos. No segundo, destacam-se: o Global Bioenergy Partnership (GBEP), patrocinado pelos G8+5 e FAO-ONU; a Task 39, coordenada pela OCDE; e principalmente a proposta das Diretivas da União Europeia para a promoção do uso de fontes de energia renovável, de caráter regional para o bloco europeu. Essas iniciativas, baseadas em diferentes metodologias e definições, variam de forma significativa entre os países europeus, o que tende a dificultar muito o atendimento de todas elas pelo exportador de biocombustíveis e pode, na prática, tornar o mercado europeu um dos mais fechados do mundo.

Finalmente, as principais iniciativas globais *multistakeholders* em andamento são: o *Roundtable on Sustainable Biofuels*, específico para biocombustíveis; e as iniciativas focadas em matérias-primas para biocombustíveis, como o *Better Sugarcane Initiative*, o *Roundtable on Sustainable Palm Oil* e o *Roundtable on Responsible Soy*.

Além disso, o governo brasileiro, por meio do Instituto Nacional de Metrologia, Normalização e Qualidade Industrial (Inmetro), órgão ligado ao Ministério do Desenvolvimento, Indústria e Comércio Exterior (MDIC), está desenvolvendo um processo de certificação nacional para o etanol, com o objetivo de resguardar o biocombustível brasileiro de eventuais barreiras ao comércio internacional ligadas às questões de sustentabilidade. Nesse caso, é fundamental que os princípios e critérios que venham a ser estabelecidos internamente estejam alinhados às expectativas do mercado internacional, para que efetivamente adquiram força e credibilidade nas exportações.

Conclusão

É importante desenvolver uma nova visão para os biocombustíveis no mundo. Produzidos de forma sustentável, são elemento fundamental em qualquer solução global aos crescentes desafios da segurança energética, da degradação do meio ambiente e do aquecimento global. Contudo, embora o etanol de cana-de-açúcar possua todas as qualidades necessárias para se consolidar como *commodity* energética mundial, isso só será possível com a redução das barreiras comerciais impostas pelos países desenvolvidos.

Até lá, uma das grandes contradições mundiais da atualidade continuará: os combustíveis fósseis são comercializados livremente, mas os renováveis, que representam progresso para a conquista da segurança energética e de um futuro mais seguro, enfrentam mercados altamente protegidos. No mundo dos combustíveis fósseis, cerca de vinte países, muitos situados em regiões politicamente conturbadas, abastecem aproximadamente duzentos países. No mundo dos combustíveis renováveis, mais de cem países serão potenciais fornecedores. Esse é um argumento inquestionável do ponto de vista de uma nova geopolítica energética mais democrática, estável e que pode representar a geração de milhões de empregos e de renda em grande número de países em desenvolvimento.

Tabela 2

Radiografia do setor no Brasil

<table>
<tr><td rowspan="3">Produção</td><td>Cana (2007/2008)</td><td colspan="3">490 milhões de toneladas</td></tr>
<tr><td>Etanol (2007/2008)</td><td colspan="3">22 bilhões de litros</td></tr>
<tr><td>Açúcar (2007/2008)</td><td colspan="3">30 milhões de toneladas</td></tr>
<tr><td colspan="2" rowspan="3">Distribuição</td><td></td><td>Mercado interno</td><td>Mercado externo</td></tr>
<tr><td>Açúcar</td><td>36%</td><td>64%</td></tr>
<tr><td>Etanol</td><td>85%</td><td>15%</td></tr>
<tr><td colspan="2" rowspan="2">Número de usinas</td><td>Total</td><td>Açúcar e etanol</td><td>Etanol</td></tr>
<tr><td>350</td><td>230</td><td>100</td></tr>
<tr><td colspan="2" rowspan="3">Área cultivada de cana (para açúcar e etanol)</td><td colspan="3">7,8 milhões de hectares (2,3% das terras cultiváveis do Brasil)</td></tr>
<tr><td colspan="3">85% na região Centro-Sul</td></tr>
<tr><td colspan="3">O estado de São Paulo concentra mais de 60% da produção</td></tr>
<tr><td colspan="2" rowspan="2">Faturamento do setor (2007/2008)</td><td colspan="3">US$ 20 bilhões</td></tr>
<tr><td>44% açúcar</td><td>54% etanol</td><td>2% bioeletricidade</td></tr>
</table>

Combatendo o aquecimento global

- Redução de GEE: várias estimativas baseadas na análise do ciclo de vida do produto mostram que o etanol de cana reduz as emissões em até 90%, quando comparado com a gasolina.
- Em termos de balanço energético, o etanol produz 9,3 unidades de energia renovável para cada unidade de combustível fóssil usada em seu ciclo de produção. Outras matérias-primas utilizadas na produção de etanol,

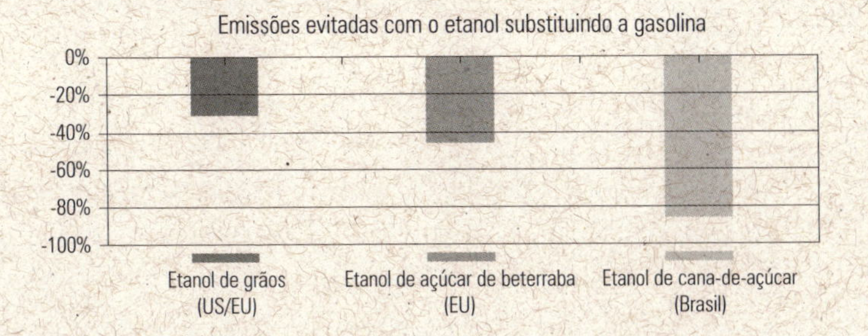

Gráfico 3

Média das emissões de efeito estufa com base numa análise de ciclo de vida.

Nota: reduções no ciclo completo (well-to-wheel) de emissões de gases de efeito estufa em equivalente de CO_2 por quilômetro a partir de bioetanol comparado com gasolina, com base em ciclo de vida.

Fonte: IEA – International Energy Agency (2004).

Dados organizados por Icone e Unica.

como milho, grãos e beterraba, raramente passam de duas unidades.

- O etanol de cana-de-açúcar brasileiro apresenta maior produtividade, medida em termos de litros de biocombustível por hectare, do que as alternativas de outras matérias-primas.
- As usinas brasileiras de açúcar e etanol geram sua própria energia elétrica por meio da queima do bagaço da cana, produzindo também excedentes de energia que podem ser vendidos no mercado nacional de energia.
- Ocupando apenas 1% das terras agricultáveis no Brasil, o setor produz etanol suficiente para substituir mais da metade do consumo nacional de gasolina, além de gerar excedentes exportáveis da ordem de 15% da sua produção.

Alternativa à gasolina

- Etanol é o combustível renovável mais produzido e consumido no mundo. Entre 2000 e 2007, a produção global mais que dobrou, e deve atingir 116 bilhões de litros por ano em 2012, tendo o Brasil e os Estados Unidos como os maiores produtores.
- Cerca de 90% dos carros novos vendidos no Brasil são *flex*. Até o fim de 2008, mais de 6 milhões de veículos, ou quase 25% da frota de veículos leves, serão dessa categoria, subindo para 50% em 2012 e 65% em 2015.
- Já existem no mercado brasileiro mais de sessenta modelos de carros *flex*, produzidos por dez montadoras.
- Em maio de 2008, o etanol já era responsável por cerca de 50% do consumo nacional de combustíveis entre automóveis e veículos comerciais leves movidos a etanol e/ou gasolina.

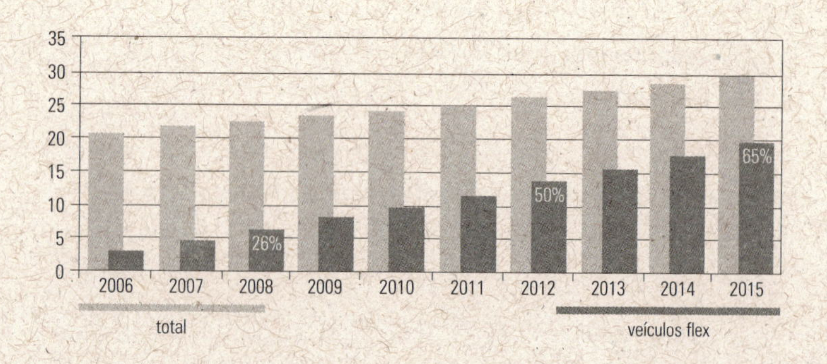

Gráfico 4

Evolução de veículos leves – milhões de unidades.

Fonte: Copersucar e Unica.

- Estudos recentes mostram que sem a adição do etanol, o preço da gasolina nas bombas subiria entre 15% e 30% e a octanagem do combustível cairia.

Referências bibliográficas

AMARAL, A. M. P. *et al. Estimativa da produção animal no Estado de São Paulo para 2006. Informações econômicas*, 37 (4), São Paulo, Instituto de Economia Agrícola, abril de 2007.

MACEDO, I. C.; SEABRA, J. E. A.; Silva, J. E. A. R. "Green House Gases Emissions in the Production and Use of Ethanol from Sugarcane in Brazil: the Biomass and Bioenergy", 2008. Disponível em http://www.sciencedirect.com/science?_ob=ArticleURL&_udi=B6V22-4RKDHMM-1&_user=10&_rdoc=1&_fmt=&_orig=search&_sort=d&view=c&_acct=C000050221&_version=1&_urlVersion=0&_userid=10&md5=7f937b5b04544202eba0578b6d7d008f.

Construir a diversidade da matriz energética:

o biodiesel no Brasil

Arnoldo Anacleto de Campos
Edna de Cássia Carmélio

Os primeiros seis meses em que o biodiesel passou a compor todo o diesel distribuído no Brasil foram marcados por uma série de críticas ao programa brasileiro, tanto em seu formato constitutivo como a respeito de possíveis impactos negativos sobre a segurança alimentar.

As principais críticas apresentadas são de que:

a. a ambição social do biodiesel de incluir a agricultura familiar, principalmente a do Nordeste, teria sucumbido diante de práticas tradicionais e do predomínio da oferta vinda do Centro-Sul do país;

b. o biodiesel é uma ameaça à segurança alimentar da população à medida que desvia o óleo alimentar para a produção do combustível e promove a substituição de culturas alimentares por energéticas no uso das terras;

c. o biodiesel é inviável economicamente, pois não pode competir com o diesel e há poucos sinais de essa competitividade vir a ser otimizada;

d. a escolha das matérias-primas para a produção de biodiesel está equivocada uma vez que está centralizada na soja, que tem baixa produtividade em óleo por hectare e na mamona, cujo óleo possui mercado com preços muito mais atraentes que os do biodiesel; e

e. a mamona é inviável tecnicamente para produção de biodiesel.

Este texto busca analisar essas críticas e mostrar que, apesar das deficiências próprias ao começo de qualquer processo e da procedência de certas críticas, o programa de biodiesel trilha um caminho consistente de fortalecimento de seus principais eixos: a inclusão socioeconômica da agricultura familiar, a contribuição para a sustentabilidade do meio ambiente e a viabilidade econômica.

Breve descrição das críticas ao Programa Nacional de Produção e Uso de Biodiesel (PNPB)

De janeiro a julho de 2008 foram veiculadas cinquenta matérias sobre biodiesel nos principais meios de comunicação do Brasil, das quais 36 apresentavam uma abordagem positiva, 10, negativa e 4 eram neutras.[1] Os três artigos comentados a seguir agregam o conjunto de críticas negativas ao programa e, por essa razão, foram empregados para que o leitor se aprofunde mais na tônica do debate que se coloca.

Buainain e Garcia fazem uma leitura do programa, desde o seu lançamento, em dezembro de 2004, até os primeiros meses da entrada em vigor da obrigatoriedade da mistura de 2% ao diesel, ocorrida no início de janeiro de 2008. Mostram que houve uma resposta quase imediata do setor privado à política do Governo, com rápido investimento nas indústrias totalizando uma capacidade produtiva acima, inclusive, da necessidade colocada pelo patamar de produção (cerca de 840 milhões de litros para o mercado de B2). Imputam à falta de matéria-prima e aos baixos preços do biodiesel comercializado em leilões públicos a entrega, por parte das empresas, de um volume abaixo daqueles leiloados entre 2005 e junho de 2008. Eles associam a agricultura familiar na produção de biodiesel – de maneira equivocada – exclusivamente à mamona e julgam que esta tem três problemas básicos: inexistência de volume de produção

---

[1] Cf. Ministério do Desenvolvimento Agrário, *Relatório Clipping Biodiesel – 1º de janeiro a 31 de julho de 2008* (Brasília: Ministério do Desenvolvimento Agrário, 2008).

capaz de atender à demanda, altos preços do óleo de mamona (que inviabilizariam seu uso para biodiesel) e uma cadeia produtiva pouco organizada, com nível tecnológico baixo e de natureza quase "extrativa".[2] Daí concluem que as metas sociais do programa estão deslocadas da realidade, pois é a soja que atende à demanda desse novo mercado e não há investimento para viabilizar a produção de mamona e, portanto – na visão deles –, a contribuição da agricultura familiar.

Nogueira mostra o cenário nacional de potencialidades de diversas culturas. Critica a política de desoneração tributária, a qual, segundo o autor, está estimulando a ineficiente soja no Centro-Oeste e tem sido insuficiente para alavancar a mamona no Nordeste ou o dendê no Norte (cultura com melhores características de produtividade em óleo). Nogueira comenta que o biodiesel tem mantido preços superiores aos do diesel há décadas, com poucas perspectivas de reversão desse quadro. Sugere que a estratégia do programa seja revista, com o objetivo de priorizar matérias-primas com maior eficiência energética, como o sebo e o óleo de fritura. Sugere também a flexibilização do teor de biodiesel obrigatório por região, para sua otimização logística.[3]

Após a publicação da Resolução nº 07 da Agência Nacional do Petróleo, Gás Natural e Biocombustíveis (ANP), de 19 de março de 2008,[4] a redação da revista *Biodiesel* apresentou a ma-

---

2 Ver A. M. Buainain & J. R. Garcia, "Biodiesel sem agricultura familiar? Incentivos para o agricultor familiar são fracos", em *O Estado de S. Paulo*, São Paulo, 12-8-2008.

3 Ver L. A. H. Nogueira, "O biodiesel na hora da verdade", em *O Estado de S. Paulo*, Opinião, São Paulo, 7-2-2008.

4 A resolução estabelece que o limite de viscosidade e de densidade para o biodiesel é 6 mm^2 e 900 kg/m^3, respectivamente. O biodiesel produzido somente com o óleo de mamona puro não atende a essas especificações, pois a sua viscosidade

téria de capa intitulada "O edital que colocou a mamona em cheque",[5] a qual mostra que o biodiesel feito exclusivamente do óleo de mamona apresenta valores de densidade e de viscosidade acima daqueles especificados na referida resolução, o que impossibilita a sua produção. O Ministério de Minas e Energia (MME), nesse mesmo artigo, discorda do argumento, comentando que o processo industrial pode resolver o problema. Afirma que o óleo de mamona se destina a outros mercados, citando o químico como referência. Posteriormente, no Boletim DRC nº 07, o MME detalha sua afirmação, comentando que a dificuldade de especificação de biodiesel de apenas uma oleaginosa não é exclusiva da mamona, pois, por exemplo, o biodiesel feito de dendê ou de sebo puros possui ponto de entupimento a frio que não se enquadra na referida resolução. Segundo o MME, as empresas possuem conhecimento para produzir o biodiesel conforme todas as especificações da ANP empregando misturas de óleos. A redação da revista mostra que o assunto tem provocado desconfiança entre os agricultores familiares do Nordeste.

Visão geral e destaques do programa de biodiesel

O biodiesel surgiu no Brasil com o álcool. Entretanto, ao longo dos 35 anos de implementação deste último, o biodiesel se manteve no nível das pesquisas acadêmicas, sem se incorporar ao mercado. No período anterior ao programa, a opção do go-

---

e densidade são de cerca de 12 mm^2 e 920 kg/m^3, respectivamente (Boletim DRC nº 07, 2008).

5 R. Menani, "O edital que colocou a mamona em cheque", em *Revista Biodiesel*, nº 30, São Paulo, julho de 2008.

verno era desenvolvê-lo apenas pela sua componente da pesquisa. Por isso, inclusive, ele estava ancorado no Ministério da Ciência e Tecnologia (MCT).

Essa situação começa a se reverter em 2003, quando foi instituído, por meio de decreto, um Grupo de Trabalho Interministerial (GTI) "encarregado de apresentar estudos sobre a viabilidade de utilização de óleo vegetal – biodiesel como fonte alternativa de energia, propondo, caso necessário, as ações necessárias para o uso de biodiesel". O GTI era coordenado pela Casa Civil e composto por onze ministérios.

O GTI trabalhou por meio da promoção de um ciclo de audiências envolvendo universidades, produtores de biodiesel experimental, especialistas na área, a indústria automotiva, a Associação Brasileira das Indústrias de Óleos Vegetais (Abiove), a Petrobras, a Central Única dos Trabalhadores (CUT), os movimentos sociais e sindicais vinculados à agricultura familiar, a indústria sucroalcooleira e os fabricantes de equipamentos. As conclusões, apresentadas em um relatório, recomendavam a incorporação do novo combustível na matriz energética brasileira em uma estrutura que contemplasse a diversidade de oleaginosas do país, as diferentes rotas tecnológicas de produção industrial, a garantia de suprimento e qualidade do combustível ao consumidor e que ele fosse associado a um veículo de promoção da inclusão social da agricultura familiar.

Em dezembro de 2003, após aprovação do relatório do GTI, houve a decisão política da introdução do biodiesel na matriz energética brasileira. O programa deveria ter como pilares a inclusão social, por meio da agricultura familiar, a sustentabilidade ambiental e a viabilidade econômica. Para implementação, foi instituída, por meio do Decreto Presidencial de 23 de dezembro de 2003, a Comissão Executiva Interministerial (CEI), encarregada da implantação de ações direcionadas à produção e ao uso do biodiesel como fonte alternativa de energia. Essa comissão, de caráter permanente, tem como unidade executiva um Grupo Gestor, coordenado pelo MME, cabendo a este a execução das ações relativas à gestão operacional e administrativa, voltadas ao cumprimento das estratégias e diretrizes estabelecidas pela CEI.

Com o arcabouço legal definido pelo trabalho dessa comissão, o PNPB foi lançado oficialmente em dezembro de 2004. O biodiesel foi definido como um combustível de uso obrigatório em todo o país, misturado ao diesel em teor de 2% entre os períodos de 2008 e 2012 e em teor de 5% a partir de 2013 (Lei nº 11.097/05). Antes de 2008, o seu uso foi definido como facultativo, e foi estabelecido que o Conselho Nacional de Política Energética (CNPE) poderia antecipar os níveis de mistura ao diesel.

De 2005 a 2007, o biodiesel foi incentivado por meio de leilões públicos em volumes coerentes com a oferta e disputados, quase que exclusivamente, por empresas detentoras do Selo Combustível Social. Esse período foi necessário para a organização dos agentes da cadeia produtiva: os agricultores, as empresas, as distribuidoras, os laboratórios de controle de qualidade, os órgãos reguladores e de fomento. A Petrobras teve papel decisivo nessa fase, pois se tornou responsável pela aquisição e mistura do biodiesel. Foram leiloados 885 milhões de litros e as entregas foram de 402 milhões de litros nesse período. Com isso, o início da obrigatoriedade da mistura, em janeiro de 2008, transcorreu com relativa tranquilidade, pois a capacidade instalada no país era superior à demanda do mercado e o sistema de mistura e distribuição de diesel com biodiesel já estava em operação. Entendendo a necessidade de continuidade do mecanismo de leilões até a melhor consolidação da cadeia produtiva, o governo passa a comprar não apenas o biodiesel para o mercado obrigatório, mas também faz leilões de estoque (via Petrobras) para garantir o abastecimento em casos de eventuais descumprimentos de entregas. Em julho de 2008, o percentual de mistura é aumentado para 3% (B3, conforme Resolução nº 02, do CNPE).

O componente de inclusão social do programa foi estabelecido por meio do modelo tributário, visando favorecer a participação da agricultura familiar e desenvolver as regiões Norte, Nordeste e a semiárida (Lei nº 11.116/05). A isenção dos tributos federais é total para o biodiesel produzido e para qualquer oleaginosa proveniente da agricultura familiar nessas áreas, e parcial se for produzido de qualquer matéria-prima obtida da agricultura familiar para as outras regiões do país. O acesso à isenção de tributos federais está, entretanto, condicionado à concessão do Selo Combustível Social às empresas de biodiesel (Decreto nº 5.297, de 6 de dezembro de 2004 e Decreto nº 6.458, de 14 de maio de 2008).

O Selo Combustível Social é um certificado, fornecido pelo Ministério do Desenvolvimento Agrário (MDA), para o produtor industrial de biodiesel que cumpre os requisitos sociais básicos, quais sejam: a assistência técnica aos agricultores familiares para a produção de oleaginosas e a aquisição de volumes mínimos de matéria-prima oriunda da agricultura familiar por meio de contratos com termos e condições negociados previamente, com a participação de uma instituição que representa os agricultores familiares. Importa destacar que a empresa de biodiesel pode estar sediada em estados ou regiões diferentes daquela onde estabelece a base produtiva com a agricultura familiar. Nesse caso, tanto para o cumprimento das normas do selo como para a aplicação do regime de alíquotas diferenciadas do Programa de Integração Social/Programa de Formação do Patrimônio do Servidor Público (PIS/Pasep) e da Contribuição para o Financiamento da Seguridade Social (Cofins), são empregados os critérios conforme a origem da matéria-prima.

Para a primeira definição do padrão de qualidade do biodiesel, a ANP procurou observar as legislações internacionais, sobremaneira a americana e a europeia, e estabeleceu um padrão mínimo, visando à não-exclusão de qualquer matéria-prima e rota tecnológica de produção de biodiesel. Alguns dos parâmetros, tais como viscosidade e densidade, não foram definidos *a priori*, para que se observasse o comportamento dessas variáveis no biodiesel nacional.[6] Em 2008, após o Brasil ter produzido mais de 500 milhões de litros de biodiesel e a ANP ter avaliado o padrão do produto nacional, e também visando a uma harmonização com os padrões internacionais, os limites de viscosidade e de densidade foram estabelecidos (Resolução nº 15, de 17 de julho de 2006, da ANP), os quais motivaram as críticas ao biodiesel de mamona, pois, se produzido puro, ele não atende a esses parâmetros.

A competitividade e a competição entre o diesel e o biodiesel

Um dos aspectos abordados no debate atual sobre o PNPB é a competitividade do biodiesel diante do diesel. O biodiesel é mais caro que o diesel, e seus custos subiram em 2008 devido à elevação das cotações das oleaginosas e dos óleos vegetais.

---

6 Em B2 esses parâmetros não alteram o padrão do diesel, de forma que a qualidade do produto é mantida.

Essa questão é importante e foi alvo de extensos debates na CEI. Embora o custo do biodiesel tenha relevância, foi adotado um modelo de estruturação do novo mercado que evitasse que seu funcionamento fosse regido estritamente pelas regras convencionais de mercado, em que os preços do diesel e do biodiesel determinariam a viabilidade do produto. No caso brasileiro, optou-se por estruturar um mercado regulado e específico para o biodiesel. Algo semelhante ao que foi feito no âmbito do Pró-Álcool com a criação de um mercado compulsório crescente, iniciando com o uso obrigatório de 2% de biodiesel adicionado ao diesel, até chegar aos 5% em 2013. Uma rampa modesta e cautelosa, para permitir a implantação efetiva da produção no país.

Avaliando-se as condições dos mercados, tanto do biodiesel como do diesel, é possível estruturar uma rampa de crescimento do uso do biodiesel. O álcool chegou aos 20% a 25% de uso obrigatório em mistura com a gasolina. Essa parcela do mercado de álcool combustível não é concorrencial com sua sucedânea. O mesmo ocorre com o biodiesel, que no mercado obrigatório não concorre com o diesel. É importante ressaltar que a preocupação com os custos do biodiesel está sempre presente no PNPB, mas, com a solução encontrada, é possível que melhores condições competitivas sejam alcançadas durante a implantação do programa e não antes da viabilização do novo mercado.

Há de se considerar que o diesel brasileiro não acompanha a evolução dos preços do petróleo, o que torna incoerente a correlação simples exposta na crítica de Nogueira.[7] Analisando a variação percentual absoluta do preço do barril de petróleo (Brent), do diesel (ex-tributos) e do óleo de soja (bolsa de Chicago) em relação a janeiro de 2005, quando foi iniciada a pro-

---

7 L. A. H. Nogueira, *O Estado de S. Paulo*, cit.

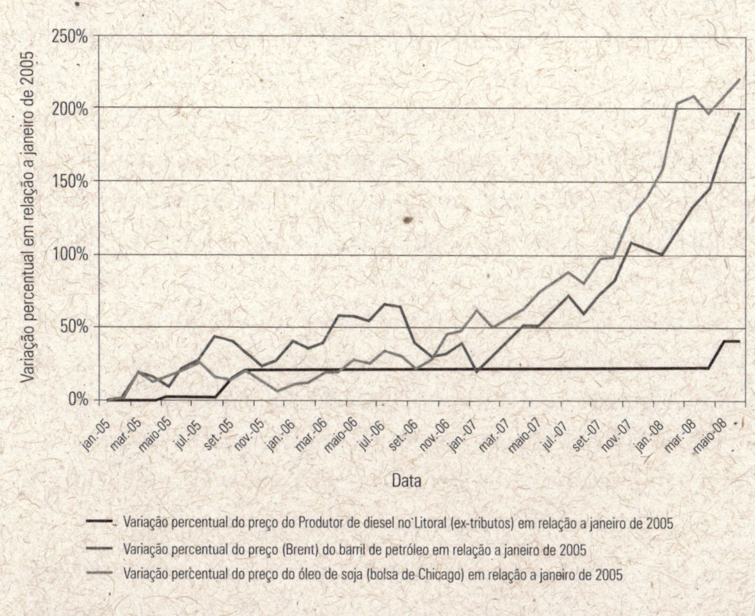

Gráfico 1

Variação percentual dos preços do barril de petróleo (Brent), dos preços do diesel (ex-tributos) e do óleo bruto de soja (bolsa de Chicago).

dução de biodiesel no Brasil, observa-se que o óleo de soja e o barril de petróleo mantiveram uma correlação direta, o mesmo não sendo observado para o diesel (Gráfico 1). Convém observar ainda que o governo brasileiro dispõe de mecanismos para manter os preços do diesel reduzidos em relação aos preços do barril de petróleo, em virtude da importância desse combustível na economia nacional.

A incorporação de B2 em 2007 não causou impacto no preço do diesel ao consumidor na maior parte do país e, em algumas localidades, implicou um aumento de, no máximo, R$ 0,02. O MME avaliou os preços do biodiesel do primeiro e segundo trimestres de 2008 (R$ 1,87 em média) e estimou o preço de R$ 2,69[8] para o terceiro semestre desse ano (baseado nas cotações da soja), considerando, ainda, o tamanho do mercado (B3 a partir do segundo semestre de 2008), e concluiu que, nessas condições, o aumento de preços ao consumidor seria de R$ 0,034/ℓ de diesel (aumento de 1,6%). Os argumentos levaram o governo a manter e estabilizar o mercado de B3, frustrando as expectativas do setor de antecipação de percentuais maiores de mistura de biodiesel ao diesel. O MME não considerou, entretanto, o impacto positivo da redução de custos de importação de quantidade equivalente de diesel nem a melhoria de qualidade do diesel, pois os fabricantes de autopeças atestam que 2% de biodiesel adicionado ao diesel aumenta em cerca de 50% a lubricidade do combustível.[9]

Se a política adotada fosse de colocar o biodiesel em competição com o diesel, em um mercado facultativo, não existiria espaço para o novo combustível no Brasil, uma vez que, empregando-se a maioria das oleaginosas disponíveis, o biodiesel ainda é mais caro que o diesel, pois a aquisição de matéria-prima responde por mais de 70% dos custos de produção. Não existindo mercado, não haveria estímulo à ampliação e à melhoria do desempenho agrícola das oleaginosas.

Soja e demais oleaginosas

Em virtude do destaque ao componente social do programa, a mamona foi eleita pelo governo a matéria-prima símbolo do

---

[8] O preço médio de fechamento dos leilões para atender ao mercado no terceiro semestre de 2008 foi R$ 2,606/ℓ, com inclusão da PIS/Pasep e da Cofins e sem a inclusão do ICMS.

[9] Ver J. P. Prates, "A diferença entre H-Bio e o biodiesel", em *Globo On Line*, disponível em http://oglobo.globo.com/blogs/petroleo/post.asp?t=a_diferenca_entre_h-bio_o_biodiesel&cod_Post=13215&a=97, acesso em 1º-9-2008.

biodiesel do Nordeste e da inclusão social. A realidade, entretanto, é de que até o momento, a maior parte do biodiesel brasileiro foi produzida a partir da soja, conforme mostra a Tabela 1.

Tabela 1

Percentual de produção de biodiesel por matéria-prima.

Matéria-prima	Jan./08	Fev./08	Mar./08	Abr./08	Mai./08
Soja	68%	64%	52%	54%	77%
Sebo	18%	18%	19%	15%	22%
Algodão	0,3%	1%	5%	0,4%	-
Dendê	0,2%	0,4%	0,3%	0,1%	-
Mamona	0,2%	-	-	-	-
Outros	13%	17%	23%	31%	1%
Gordura de porco	-	0,04%	0,1%	0,1%	-
Total	100%	100%	100%	100%	100%

Fonte: ANP/SRP (julho de 2008), elaborado pelo Ministério de Minas e Energia.

A cadeia produtiva da soja está bastante estruturada no país e é resultado de mais de quarenta anos de pesquisas, investimentos e desenvolvimento do mercado. Por conta disso, dispõe de uma infraestrutura de produção, armazenagem, transporte, processamento e consumo bem estabelecida, além de ser uma das principais *commodities* no mercado internacional, estando o Brasil na segunda colocação entre os principais exportadores do produto. A Companhia Nacional de Abastecimento (Conab) estima a produção de soja em grão em 60 milhões de toneladas e de óleo em 6 milhões de toneladas em 2007/2008. Ou seja, se todo o biodiesel fosse feito do óleo de soja seria necessário apenas 13% da produção já disponível para garantir todo o suprimento de biodiesel para o mercado de B2. Considerando que o parque industrial de esmagamento de soja é da ordem de

44 milhões de toneladas/ano de matéria-prima,[10] ou cerca de 8,5 milhões de toneladas/ano de óleo,[11] tem-se uma capacidade ociosa de cerca de 2,5 milhões de toneladas de óleo que pode, sem dificuldade alguma, ser ativada para atender ao mercado de biodiesel sem interferir no mercado de óleo já consolidado. Não se descartou esse potencial em momento algum, pois há uma compreensão por parte do governo de que a diversificação não é algo que possa ocorrer em curto prazo.

A mamona, por sua vez, tem dimensões bem distintas das da soja. No passado, o Brasil chegou a ser o maior produtor mundial, mas nada que se compare às dimensões da soja. Segundo o levantamento da Conab, a área plantada da safra 2007/2008 não aumentou muito em relação à safra 2006/2007. Porém houve significativo aumento da produtividade e, por consequência, da produção (Tabela 2).

Tabela 2
Levantamento da safra de mamona no Brasil.

Indicador	Safra 2006/2007	Safra 2007/2008	Variação
Produção (1.000 t)	93,7	145,6	+55,4%
Produtividade (kg/ha)	602	872	+44,8%
Área (1.000 ha)	155,6	167,2	+7,4%

Fonte: Conab, 11º Levantamento de Safra (agosto de 2008).

Este desempenho deve-se necessariamente ao biodiesel, pois houve um aumento de preços no Nordeste provocado pela inserção de empresas com Selo Combustível Social que passaram a concorrer com a indústria ricinoquímica. Os agricultores

[10] Considerando a capacidade de processamento diária instalada total (cf. www.abiove.com.br) e adotando 300 dias de operação por ano.

[11] Considerando que o processo de esmagamento retira 19% de óleo do grão.

perceberam que seu produto começava a ter liquidez (relativa concorrência foi observada na Bahia na safra 2007/2008) e maior valorização no mercado (a indústria ricinoquímica se viu obrigada a repassar parte de seus lucros aos agricultores para garantir o abastecimento) e, com isso, iniciaram a adoção de práticas agrícolas ligeiramente melhores do que aquelas descritas por Buainain e Garcia como quase "extrativistas".

Os preços cobrados na safra 2004/2005, a última antes de as primeiras usinas no Nordeste entrarem em operação, eram de R$ 0,25/kg a R$ 0,35/kg de mamona. Já em 2005/2006, esses preços subiram para algo em torno de R$ 0,60/kg, para chegar a quase R$ 1,00/kg em 2006/2007. Em meados de 2008, na entressafra da Bahia, os preços chegam ao pico de R$ 1,40/kg, recuando para R$ 1,00 em agosto. Conclui-se que os benefícios do PNPB se estenderam não apenas aos contratados pelas indústrias de biodiesel, mas a todos os produtores de mamona.

O dendê é outra aposta que tem grandes possibilidades de desenvolvimento. Já é uma realidade no Pará e na Bahia, mas sua área plantada não chega aos 50 mil hectares no Brasil, com quase toda a produção destinada a outros fins que não o biodiesel. É uma planta com excelente domínio tecnológico, com cerca de trinta anos de pesquisa e alta produtividade em óleo por hectare. As áreas de alta aptidão, na região amazônica, limitam a ampliação da área de produção devido à necessidade de compatibilizar questões de ordem diversas tais como a preservação do bioma, as deficiências estruturais e dificuldades logísticas, as quais exigem ações de médio e longo prazo para sua viabilização. Além disso, é cultura perene que produz a pleno somente a partir do sétimo ano, o que pressupõe ações de médio prazo. Falta um planejamento consistente para a inserção da cultura tanto no biodiesel quanto sua ampliação para utilização noutros mercados. Pouco vem sendo feito para que o dendê possa ser adotado noutras regiões com o uso de técnicas de irrigação. No Brasil, em 2007, o grupo Ultra instalou uma indústria que utiliza como principal insumo o óleo de palmiste, obtido a partir do dendê. Sua necessidade de consumo é muitas vezes superior a toda a produção nacional, tanto que o governo brasileiro criou cotas de importação com tarifas reduzidas para garantir o suprimento da nova indústria. O Brasil importou, em 2007, pouco mais de 60 mil toneladas de óleo de palmiste (US$ 72,5 milhões) e, somente no primeiro semestre de 2008, pouco mais de 86 mil toneladas, num valor de US$ 66 milhões.[12] Ou seja, há espaço para a expansão do dendê, há aptidão agrícola e mercado consumidor, mas faltam planejamento e ações efetivas para desenvolver esse potencial.

- Girassol, canola, algodão e amendoim são culturas que ocuparão espaços importantes no programa no decorrer dos anos, em virtude do estímulo ao mercado do biodiesel e por já disporem de desenvolvimento tecnológico agrícola suficiente para compor o portfólio de oleaginosas produzidas no Brasil. Com exceção do algodão, já estruturado mas que resulta em uma quantidade pequena de óleo e que não é produzido majoritariamente pela agricultura familiar, as demais culturas são ainda mais incipientes do que a mamona no Brasil. Na última estimativa de safra da Conab (agosto de 2008), o girassol já aparece com um crescimento importante em área plantada de 46% para a safra 2007/2008. Considerando os princípios do PNPB, é tarefa do governo estimular o desenvolvimento dessas culturas.

---

12 Cf. Banco de dados MDIC – Ministério do Desenvolvimento, Indústria e Comércio Exterior, Alice-Web –, Sistema de Análise das Informações de Comércio Exterior via internet, disponível em http://aliceweb.desenvolvimento.gov.br.

Por fim, há um conjunto de oleaginosas nativas presentes em grandes maciços florestais, do qual se tem baixo nível de conhecimento tecnológico e praticamente nenhuma área cultivada. Trata-se de um patrimônio genético de dimensões incomensuráveis, que pode gerar renda para milhares de comunidades nos biomas amazônico, do cerrado e da caatinga, e com grande potencial de viabilizar o uso sustentável de áreas de preservação e de recuperação da biodiversidade.

O potencial brasileiro de produção de oleaginosas

A Empresa Brasileira de Pesquisa Agropecuária (Embrapa) avaliou a potencialidade do Brasil para produção de oleaginosas, adotando como critério a não-expansão da fronteira agrícola e a integral preservação da floresta Amazônica. De acordo com os dados apresentados na Tabela 3, o Brasil é capaz de produzir 60 bilhões de litros de biodiesel, suficientes para substituição de todo o diesel nacional e com geração de um excedente de 20 bilhões de litros.

Tabela 3

Potencial brasileiro para produção de oleaginosas sem a incorporação de novas áreas.

Cultura	Produtividade (ℓ/ha)	Área potencial (milhões de ha)	Produção potencial (bilhões de ℓ)	Que áreas são essas?
Soja	600	20	12	20% de 100 milhões de ha (integração agricultura-pecuária)
Girasssol	1.000	3	3	Safrinha em 20% da área cultivada de soja
Mamona	500	4	2	Zoneamento Agrícola do Nordeste

(cont.)

Cultura	Produtividade (ℓ/ha)	Área potencial (milhões de ha)	Produção potencial (bilhões de ℓ)	Que áreas são essas?
Dendê	4.500	10	45	Reflorestamento de 16% das áreas já desmatadas da Amazônia

Fonte: Embrapa.[13]

A partir da avaliação da Embrapa pode-se concluir que a especulação de que o biodiesel resultará em danos ao meio ambiente devido ao plantio é incorreta, pois o Brasil tem potencialidade de produzir biodiesel sem ampliação da fronteira agrícola e preservando as áreas atuais de florestas, bastando-se adotar políticas de incentivo amparadas na preservação ambiental e no uso racional do solo.

Visando oferecer aos agricultores maiores possibilidades de cultivo de oleaginosas, o MDA articulou com o Ministério da Agricultura, Pecuária e Abastecimento (Mapa) a implementação de um plano de zoneamento de oleaginosas para até 2012, baseado na demanda de mercado colocada pelo biodiesel, na existência de base tecnológica e aptidão comprovada das culturas nos respectivos estados.

Em 2005, apenas a soja no Centro-Sul e Tocantins, a mamona no Nordeste e o algodão tinham zoneamento agrícola. Hoje a mamona tem zoneamento no Centro-Oeste e Sul do país; girassol, amendoim, dendê, gergelim e coco estão em processo de zoneamento em diversos estados, o que denota que o governo tem envidado esforços para estimular a diversificação produtiva de oleaginosas.

---

[13] Ministério da Agricultura Pecuária e Abastecimento, *Plano Nacional de Agroenergia: 2006-2011*, (2ª ed. Brasília: Mapa, 2006).

Biodiesel e alimentos

A destinação do milho americano para a produção de álcool, a alta do petróleo e os baixos estoques mundiais deflagraram a onda de críticas aos biocombustíveis como responsáveis pela alta de preços dos alimentos e como potencial causa de uma possível falta de alimentos no mundo. Nesse contexto, questiona-se como se dá essa relação no caso do biodiesel no Brasil.

Ao contrário do que acontece com o álcool americano, por exemplo, o biodiesel é um combustível que contribui para o aumento da oferta de alimentos. As oleaginosas são compostas principalmente por uma parte proteica e outra de óleo. O processo de produção do biodiesel inicia-se pela separação da proteína do óleo, sendo este último convertido em biodiesel. A proteína restante, chamada de farelo ou torta, é destinada ao mercado de produção de ração animal para conversão e geração de fontes de proteína animal (carne e leite). Considerando o principal grão empregado para a produção de biodiesel no Brasil – a soja –, tem-se que cada metro cúbico de biodiesel gera cerca de 4 toneladas de farelo de soja que, convertidos pelo animal, produzem cerca de 430 kg de carne bovina (9 kg de farelo geram cerca de 1 kg de carne, conforme informações da Embrapa Gado de Corte, baseada em análise de balanço energético e tomando-se a raça nelore como referência). Como a produção de biodiesel de janeiro a maio de 2008 foi de 363,4 milhões de litros,[14] sendo 63% desse combustível produzido da soja (média dos três meses, conforme a Tabela I), tem-se que somente nesse período foram disponibilizadas cerca de 900 mil toneladas de

[14] Cf. Boletim DCR nº 5.

farelo de soja,[15] capazes de produzir cerca de 100 mil toneladas de carne. Isso implica que esse grão, cuja disponibilidade já existia independentemente do biodiesel, passou a ser convertido em farelo e óleo em vez de ser exportado na forma natural, devido à existência desse novo mercado de biodiesel. O produto resultante (carne ou leite), com valor agregado muito maior do que o grão de soja, aumenta a disponibilidade interna de fontes proteicas alimentares.

As eventuais elevações no preço do óleo de soja ao consumidor tendem a ser menos impactantes no índice nacional de preços ao consumidor amplo (IPCA) do que o aumento da disponibilidade de proteína animal, em função do peso desses itens na composição do índice (Tabela 4).

Tabela 4

Percentual de itens de consumo na composição do IPCA e do INPC.

	Índice de preços ao consumidor em julho de 2008	
Item	IPCA*	INPC**
Carnes, leite e derivados	4,29%	6,09%
Óleos e gorduras	0,51%	0,88%
Outros	95,2%	93,03%

Fonte: IBGE. Sistema Nacional de Preços ao Consumidor IPCA, INPC, julho de 2008.
*O IPCA é medido na faixa de população com renda entre 1 e 40 salários mínimos.
**O INPC (Índice Nacional de Preços ao Consumidor) é medido na faixa de população com renda entre 1 e 6 salários mínimos.

O biodiesel dialoga positivamente com a produção de alimentos nos sistemas produtivos empregados no Brasil. Um exemplo típico é o caso do girassol cultivado antes ou após a

[15] Considerou-se que o beneficiamento da soja gera 19% de óleo e 80% de farelo. Não se considerou conversão de massa para volume e considerou-se a conversão de óleo para biodiesel de 1:1.

safra principal, conforme a região do país. Trata-se de uma cultura melhoradora da qualidade do solo, promovendo a ciclagem de nutrientes ao longo do perfil do solo, beneficiando o desenvolvimento e a melhoria do estado nutricional das culturas subsequentes e disponibilizando uma grande quantidade de nutrientes pela mineralização dos restos culturais, conforme observações de Silva, Trezzi e Silva, e Ungaro.[16] Nesse sistema produtivo há melhor aproveitamento econômico por área de produção, ocorre rotação de culturas, o que é recomendado tecnicamente por mitigar os riscos de ataques por pragas e doenças e as pesquisas iniciais mostram uma tendência à melhoria de produtividade do cultivo posterior, em função da maior disponibilidade de nutrientes ocasionada pelas raízes pivotantes do girassol. Essa afirmação está evidenciada no trabalho de Leite, Brighenti e Castro,[17] no qual ficou constatado que a exportação de nutrientes, do total acumulado, se dá em baixos percentuais.

Pesquisas conduzidas pela Empresa de Pesquisa Agropecuária de Minas Gerais (Epamig) mostram a mamona em regime de consórcio com o feijão-caupi, o milho, o algodão, o sorgo, o gergelim e o amendoim, com boa produtividade para os sistemas analisados (Tabela 5).

---

[16] Cf. P. R. F. da Silva, "Sucessão e rotação de culturas", em UFRGS (org.), *Girassol: indicações para o cultivo no Rio Grande do Sul* (Porto Alegre: Metrópole, 1985); M. M. Trezzi & P. R. F. Silva, "Sistemas de cultivo de milho em consórcio de substituição e em sucessão a girassol", em *XIX Congresso Nacional de Milho e Sorgo, Resumos do XIX Congresso Nacional de Milho e Sorgo* (Porto Alegre: SAA/RS, 1992); M. R. G. Ungaro, *Cultura do girassol*, Boletim técnico, nº 188, Campinas, IAC, 2000.

[17] R. M. V. B. de C. Leite, A. M. Brighenti & C. de Castro (orgs.), *Girassol no Brasil* (Londrina: Embrapa Soja, 2005).

Tabela 5

Desempenho da mamona solteira e em regime do consórcio no Norte de Minas Gerais na safra 2004/2005.

Tratamentos[1]		Produtividades (kg/ha)
Mamona solteira		1.513,27
Consórcio	Mamona e	1.035,80
	Algodão	173,26
Consórcio	Mamona e	1.366,56
	Amendoim	220,14
Consórcio	Mamona e	1.236,27
	Feijão-caupi	592,01
Consórcio	Mamona e	1.350,32
	Gergelim	0
Consórcio	Mamona e	1.302,14
	Milho	1.026,03
Consórcio	Mamona e	1.247,33
	Sorgo	359,78

Fonte: Epamig, 2007.

As matérias-primas alternativas à soja começam a figurar no cenário agrícola nacional em virtude do advento do mercado de biodiesel, muito embora atualmente sejam destinados predominantemente ao mercado alimentar ou químico. O girassol, perfeitamente adequado ao regime de cultivo em safrinha do milho e da soja, tinha antes pouca liquidez no mercado interno, devido ao fato de não haver uma formação de preços que permitisse ao agricultor investir com a segurança de que seu produto fosse facilmente comercializado. Hoje o girassol já apresenta ampliações de área plantada e de produção, conforme o 11º levantamento da Conab.

No Rio Grande do Sul, onde a soja mostra seus sinais de esgotamento (queda de 20,5% na produtividade e de 21,6% na produção da safra 2007/2008, segundo o 11º Levantamento da Conab de agosto de 2008), pelo menos a agricultura familiar tem iniciado um processo tímido mas consistente de diversificação produtiva de oleaginosas, estimulado pelas indústrias de biodiesel com certificação social e pelas instituições de pesquisa e de assistência técnica (rede de pesquisa envolvendo a Empresa de Assistência Técnica e Extensão Rural – Emater, Embrapa Clima Temperado, Universidade Regional Integrada – URI, Universidade Federal de Santa Maria – UFSM, Universidade Federal de Pelotas – UFPel, além de 27 escolas agrícolas, entre outras entidades). É o caso do plantio de canola que foi estimulado pelas empresas Oleoplan S.A. e BSBios.

Biodiesel e agricultura familiar

Uma das críticas ao programa de biodiesel refere-se a uma possível sucumbência do seu componente social. O programa foi criado com o objetivo claro de fortalecer a agricultura familiar como um todo e, em especial, aquela do Nordeste e do Norte. Em 2007, o Brasil produziu 402 milhões de litros de biodiesel (Tabela 6).

Tabela 6

Produção de biodiesel em 2007 por região.

Região	Volume de biodiesel produzido (em milhões de litros)	Participação por região (%)
Sul	173,03	43%
Nordeste	122,82	31%

(cont.)

Região	Volume de biodiesel produzido (em milhões de litros)	Participação por região (%)
Centro-Oeste	42,71	11%
Norte	37,02	9%
Sudeste	26,59	7%
Total	402,17	100%

Fonte: ANP.

Em 2007, cerca de 36 mil agricultores familiares venderam oleaginosas para as indústrias de biodiesel, o que representou 18% do biodiesel produzido. A região Sul obteve melhor desempenho devido à participação de cooperativas de agricultores familiares (possuidoras da Declaração de Aptidão ao Programa Nacional de Fortalecimento da Agricultura Familiar – Pronaf). Nos contratos com as empresas de biodiesel com o Selo Combustível Social, o preço da soja foi estipulado, em geral, pelo preço de mercado somado a R$ 1,00 por saca, conforme orientação das federações e dos sindicatos vinculados à Confederação Nacional dos Trabalhadores na Agricultura (Contag). Em alguns casos, quando a assistência técnica já era fornecida pela cooperativa, havia uma negociação adicional sobre o montante de soja contratada para compensar a prestação desse serviço, já que é uma obrigação da empresa, conforme rege norma do Selo Combustível Social (Instrução Normativa nº 01, de 5 de julho de 2005, do MDA).

As empresas localizadas na região Sudeste não conseguiram articular satisfatoriamente os agricultores familiares locais e adotaram os estados do Rio Grande do Sul, Goiás e Mato Grosso do Sul para formar sua base produtiva.

O desempenho da agricultura familiar em biodiesel no Nordeste em 2007 foi muito abaixo do esperado. Embora tenham sido contratados cerca de 30 mil agricultores familiares, apenas cerca de 5 mil de fato venderam às empresas de biodiesel. São causas dessa situação: problemas de ordem estrutural somados a uma ação desordenada e pouco eficaz por parte das empresas de biodiesel atuantes na região e ao fato de que o governo apenas iniciava suas ações de fomento para a organização da base produtiva da agricultura familiar.

O mapa da agricultura familiar do Nordeste envolvida com a produção de mamona na safra 2006/2007 explica parte do problema (Figura 1).

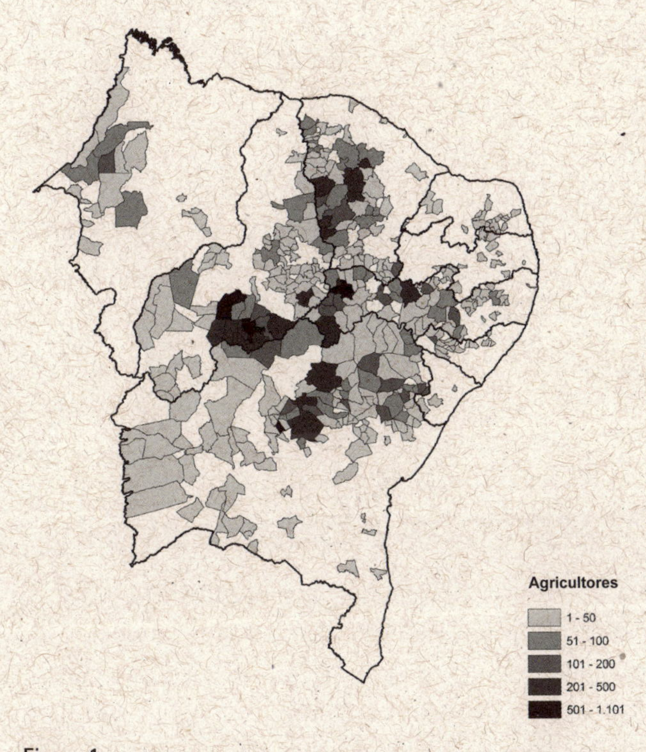

Figura 1

Distribuição municipal dos agricultores familiares do Nordeste contratados na safra 2006/2007.

Fonte: SAF/MDA, 2007.

O mapa foi realizado com base nas informações das empresas de biodiesel apresentadas ao MDA.

Nota-se que os agricultores familiares foram selecionados sem um critério lógico, pois a área de abrangência era muito grande, e a maior parte dos municípios tinha baixa concentração de agricultores (entre 1 e 50). A primeira dificuldade encontrada refere-se à qualidade da assistência técnica oferecida, pois, em virtude das distâncias, os técnicos precisavam gastar grande parte do tempo em deslocamentos, sobrando pouco tempo para atender efetivamente aos agricultores.

Embora a mamona tenha tecnologia de produção desenvolvida, inclusive para o semiárido, a experiência recente do biodiesel mostra que esse conhecimento não vem sendo transferido de maneira satisfatória nem para os agricultores, nem para os técnicos envolvidos, carecendo estes de capacitação tecnológica. Os ferramentais básicos, como dias de campo, implantação de unidades demonstrativas e aplicação de técnicas vivenciais, não foram colocados, até o momento, a serviço da mamona no semiárido.

Outra realidade pode ser observada no norte de Minas Gerais, onde o desempenho da mamona em propriedades familiares apresenta melhores resultados. Em avaliação, feita pela Epamig, de 27 agricultores em dois municípios dessa região (Mocambinho e Matias Cardoso), foi observado o desempenho descrito na Tabela 7.

Tabela 7

Desempenho da mamona em propriedades familiares do norte de Minas Gerais com uso de dois padrões de tecnologia de produção.

Padrão de produção	Produtividade (kg/ha)	Custo (R$/ha)	Lucro
Baixo nível tecnológico	1.106	355	40%
Alto nível tecnológico	2.100	678,2	36%

Fonte: Epamig, 2007.

Em consulta feita à Embrapa Algodão, ao Instituto Agronômico de Pernambuco (IPA), à Empresa Baiana de Desenvolvimento Agrícola S.A. (EBDA) e à Epamig sobre o potencial de produtividade da mamona no semiárido conforme as condições da agricultura familiar e com aplicação de tecnologia adequada de produção (sementes de qualidade, insumos apropriados, preparo de solos, tratos culturais e assistência técnica adequada), foram obtidas as conclusões dos técnicos descritas na Tabela 8.

Tabela 8

Produtividade esperada da mamona no semiárido brasileiro segundo instituições de pesquisa e de assistência técnica consultadas.

Instituição	Produtividade esperada (kg/ha)
IPA (PE)	1.300
Epamig (norte de MG)	1.300
Embrapa Algodão (PB)	Pelo menos 1.200 no semiárido
EBDA (BA)	1.500 baseado em Irecê

Fonte: Consulta do MDA/SAF (Ministério do Desenvolvimento Agrário/Secretaria de Agricultura Familiar) às instituições citadas.

Em contraponto, a produtividade dos agricultores familiares contratados por empresas de biodiesel no Nordeste em 2007 foi muito menor.

O potencial produtivo da mamona pode chegar a 15 t/ha, sendo já obtida produtividade de 8,7 t/ha, segundo a Embrapa Algodão.[18] Os dados históricos mundiais mostram que a mamona se desenvolveu muito pouco (600 kg/ha), e hoje a produtividade média brasileira está em torno de 872 kg/ha para a safra 2007/2008, conforme dados do 11º Levantamento da Conab.

18 D. M. P. de Azevedo & E. F. Lima (orgs.), *O agronegócio da mamona no Brasil* (Campina Grande: Embrapa Algodão, 2001).

Portanto, qualquer melhora no desempenho produtivo da mamona no Nordeste passa, em primeiro lugar, por uma melhor transferência de tecnologia aos agricultores, necessitando-se para isso de intensificação dos esforços governamentais e do setor produtivo.

Outro problema encontrado foi a indisponibilidade de acesso a crédito Pronaf para financiar a mamona, seja pelo Banco do Brasil, seja pelo Banco do Nordeste. Houve, obrigatoriamente, uma restrição dos insumos oferecidos ao agricultor que, basicamente, constituíam-se de sementes e de ferramentas, como enxada e matraca. Os agricultores familiares receberam grãos melhorados com baixo padrão genético e baixo potencial de germinação em lugar de sementes certificadas. Os solos não receberam os adequados tratamentos de correção de acidez e de descompactação, tampouco foi feita análise química de sua composição.

Em mercados de maior liquidez da mamona, tal como a região de Irecê, houve uma evasão dos agricultores para a venda de sua produção ao mercado da ricinoquímica, que ofereceu preço mais alto do que aquele contratado pela empresa de biodiesel, conforme o Gráfico 2.

Note que em meados de 2004, época da formalização dos primeiros contratos, o preço estabelecido era inferior ao do mercado, mas no momento da venda, em meados de 2005, os preços foram melhores e não houve relato de descumprimento de contrato, situação que se repetiu na safra seguinte (2005/2006). Porém, os preços contratados para a safra 2006/2007 foram inferiores aos preços de mercado na hora da venda, situação que permaneceu até julho de 2008.

Os preços da mamona flutuam muito e a formação desses valores se dá somente na praça de Irecê, muito influenciada

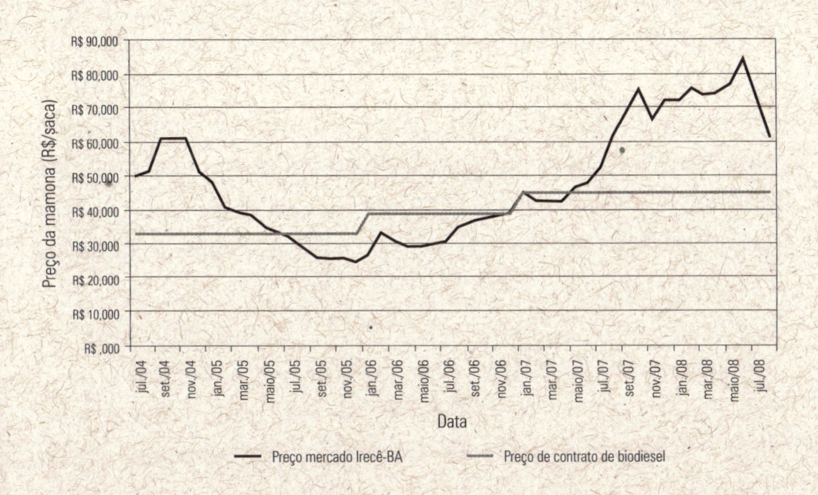

Gráfico 2

Evolução dos preços da mamona e dos preços de contrato de indústrias de biodiesel.

Fonte: Secretaria de Agricultura do Estado da Bahia (Seagri-BA) e Ministério do Desenvolvimento Agrário (MDA).

pelas indústrias químicas. É um desafio para o governo, para as empresas e para as representações da agricultura familiar o estabelecimento de um critério que remunere o agricultor e favoreça a fidelização, sob o risco de descrédito no programa de biodiesel. Há que se considerar, da parte do governo, a possibilidade de dialogar com as indústrias do setor ricinoquímico para estabelecer relações comerciais mais justas, competitivas e não autofágicas, tal como vem ocorrendo na Bahia. A possibilidade de adoção de mecanismos de incentivos à agricultura familiar na ricinoquímica também deveria ser considerada pelo governo.

A questão de se fomentar a base produtiva do Nordeste é um pouco mais profunda e exige ações mais incisivas do que aquelas delineadas pelo programa de biodiesel. Um exemplo claro do risco apontado é o que ocorreu com a produção de algodão. O Nordeste já foi um grande produtor, até a cultura ser acometida por uma praga (bicudo) que causou o declínio da produção, ao passo que o Centro-Oeste se firmou como maior produtor, com uso de alta tecnologia. Hoje o algodão tem técnica de controle da referida praga, mas as indústrias do Nordeste usam o algodão do Centro-Oeste por ser mais barato, além de oferecer maior disponibilidade que o produzido localmente. Apesar de sua potencialidade, essa cultura não vem, portanto, cumprindo um papel de geração e distribuição de renda no Nordeste, como já fez antes.

No caso da produção do biodiesel pelas empresas do Nordeste, em 2007 ocorreu a importação de óleo de soja e houve um escoamento da mamona para o mercado químico, operação esta classificada pelos agricultores familiares como "atravessamento". O arranjo observado não infringe as normas do Selo Combustível Social, uma vez que as aquisições da agricultura familiar são realizadas, mas não confere direito à isenção dos tributos federais.

Tampouco foi observado até o momento que a isenção total de tributos federais tenha sido efetiva para estimular o Nordeste. Prova disso é que não houve, até o momento, interesse de empresa alguma de formar pelo menos parte de sua base produtiva nessa região.

Esse quadro realmente faz jus à crítica apresentada por Nogueira[19] de que os mecanismos de incentivo para o Nordeste são insuficientes, e o exemplo do cenário do algodão pode nos levar a inferir que a competitividade de produção de olea-

---

[19] L. A. H. Nogueira, *O Estado de S. Paulo*, cit.

ginosas pela agricultura familiar da região nos moldes atuais do programa de biodiesel pode ficar comprometida.

Um aspecto técnico que está sendo desconsiderado no conjunto de ações necessárias para a inserção, manutenção e fortalecimento da agricultura familiar do semiárido brasileiro é o uso do biodiesel de mamona como aditivo para melhorar a lubricidade. Qualquer biodiesel melhora a lubricidade do diesel, mas aquele produzido a partir da mamona possui capacidade superior aos demais.

A ANP, por meio da Resolução nº 15 de 17 de julho de 2006, estabeleceu que todo o diesel no Brasil deveria sofrer redução no teor máximo de enxofre:[20] de 500 ppm para 50 ppm. Para cumprir essa meta, há a necessidade de tratar o diesel em um processo caro e complexo, chamado dessulfuração. A retirada do enxofre diminui a lubricidade[21] do diesel, sendo necessária a incorporação de aditivo para devolver essa característica ao produto. Por possuir três átomos de oxigênio em sua composição (um a mais que os biocombustíveis oriundos de oleaginosas convencionais), alguns pesquisadores acreditam que o óleo de mamona possui enorme potencial para ser usado como aditivo para melhorar a lubricidade do diesel ou, talvez, dispensar o uso dos aditivos. De fato, mesmo ressaltando que é necessário pesquisar para se delimitar esse potencial e seus níveis de uso, pesquisadores como o professor Paulo Suarez, responsável pelo Laboratório de Materiais e Combustíveis (LMC) do Instituto de Química (IQ) da Universidade de Brasília (UnB), acreditam que

---

20 O enxofre, após a combustão do diesel, é liberado para a atmosfera e é responsável por diversas enfermidades respiratórias, além de ser o principal agente da chuva ácida. O biodiesel não contém enxofre, de tal forma que a cada ponto percentual de substituição do diesel pelo biodiesel ocorre um ponto percentual na redução do enxofre.

21 A lubricidade reduz os desgastes do motor, conferindo-lhe boa durabilidade.

o biodiesel de mamona empregado em nível de até 1% no diesel poderia devolver a lubricidade necessária a este sem comprometer outros parâmetros físico-químicos como a viscosidade e a densidade. A valorização das características intrínsecas do biodiesel de mamona como aditivo repositor de lubricidade precisa ser colocada a serviço da inclusão social no Nordeste.

Além dessa propriedade, há que se considerar que o biodiesel de mamona atende aos padrões da ANP se representar até 30% do óleo a ser transesterificado. O biodiesel obtido, digamos, com 30% de óleo de mamona e 70% de óleo de soja atenderá às especificações europeias que são restritivas ao biodiesel de soja.[22] Portanto, o biodiesel de mamona qualifica o biodiesel de soja para a exportação, o que justifica ainda mais a necessidade de fomento a sua produção, ampliação da área de produção no Nordeste e a melhoria do desempenho agrícola da mamona.

Essas peculiaridades do biodiesel de mamona guardam correlação com o que acontece com a mistura álcool e gasolina: o álcool anidro que é adicionado compulsoriamente à gasolina melhora a octanagem desta. A gasolina misturada ao álcool possui mais poder calorífico do que o álcool puro, pois este último é hidratado. Ora, o custo de produção do álcool anidro é mais alto que o do álcool hidratado, e a mistura é obrigatória

---

[22] Rezende e Ávila, da Fiat, mostraram que o biodiesel de mamona abaixa (melhora) o ponto de entupimento de filtro a frio – CFPP em blendas (50%) com outras oleaginosas, ao mesmo tempo que sua viscosidade é reduzida pela ação do segundo biodiesel na blenda – e também que B20 de mamona atende aos padrões da ANP de CFPP e de viscosidade. Já Oliveira *et al.* mostraram que B50 de mamona (etílico) atende aos padrões da ANP. Cf. D. B. R. Rezende & R. N. A. Ávila, "Estudo comparativo do comportamento a frio entre diferentes amostras de B20 e B100", em *V Congresso Brasileiro de Plantas Oleaginosas, Óleos, Gorduras e Biodiesel, Livro de Resumos* (Lavras: Universidade Federal de Lavras, 2008); M. C. J. Oliveira *et al.*, "Densidade de biodiesel de mamona em função da proporção de mistura e da temperatura", em *V Congresso Brasileiro de Plantas Oleaginosas, Óleos, Gorduras e Biodiesel, Livro de Resumos*, cit.

no Brasil. Da mesma forma, o biodiesel de mamona possui custo de produção mais alto, mas melhora a lubricidade do diesel perdida na dessulfuração e faz com que o biodiesel de soja (e girassol) seja especificado de acordo com os padrões internacionais. Essas relações devem ser consideradas para estimular a transformação do óleo de mamona em biodiesel.

O biodiesel de mamona é mais caro que o de soja, e o seu uso para biodiesel somente será possível a partir do momento em que a cotação de seu óleo for inferior à do óleo de soja. Como, então, estimular a produção da agricultura familiar, tendo em vista que o mercado convencional da ricinoquímica não se mostra capaz de alterar este cenário? Um dos meios é fomentar a produção familiar, vender o óleo ao mercado e produzir biodiesel de soja, tal como já vem ocorrendo. Nessas condições, porém, a indústria não usufrui dos benefícios tributários e o agricultor não deposita confiança no programa. Outro meio, mais difícil de se realizar mas com melhores perspectivas de sustentabilidade, é fazer com que os agricultores familiares sejam sócios-cotistas das unidades de extração de óleo de mamona. Nesse caso, independentemente dos mercados a que se destine o óleo de mamona, o agricultor poderá obter lucros pela venda de sua matéria-prima, obedecendo aos critérios de mercado, e poderá auferir lucros dos dividendos das operações industriais. A gestão industrial precisa estar sob a responsabilidade de profissionais de mercado habilitados, ao passo que o conselho gestor prescinde de representação decisiva dos agricultores. O tamanho do módulo industrial também deve ser considerado tecnicamente, observando-se a logística e o ganho de competitividade auferido pela escala e pela adição de tecnologia de ponta, a exemplo do uso de extração mista (mecânica e solvente combinados) em lugar da extração mecânica simples, menos eficiente. Os recursos de investimento podem ter composição de fontes, tais como: dos agricultores, por meio do Pronaf Agroindústria; da empresa de biodiesel, que necessita de fidelidade no fornecimento de matérias-primas (portanto, interessa-lhe a sociedade); e dos próprios bancos, tais como o Banco Nacional de Desenvolvimento Econômico e Social (BNDES), Banco do Brasil ou Banco do Nordeste.

Um terceiro caminho é prestigiar as características peculiares do biodiesel de mamona, quais sejam: melhora da lubricidade do diesel e especificação do biodiesel de soja, conforme os padrões europeus, quando empregado em nível de até 30%. Assim, poder-se-ia estimular a produção do biodiesel de óleo de mamona pela agricultura familiar no Nordeste por meio de empresas com concessão do Selo Combustível Social e mecanismos de leilões, mas com preços diferenciados que resguardassem as margens de lucro do agricultor e da indústria.

Sob essa hipótese, algumas situações podem ser equacionadas:

I. As empresas de biodiesel do Nordeste não precisarão mais concorrer em igualdade de condições com as do Centro-Sul, pois o biodiesel terá preço diferenciado.

II. As empresas do Centro-Sul poderão concorrer com as do Nordeste nesses leilões, desde que sejam detentoras do Selo Combustível Social, cumpram os critérios de origem da matéria-prima e que o biodiesel seja produzido com 30% do óleo de mamona.

III. Os agricultores familiares poderão ser contratados segundo critérios de preço mais equilibrados, que mantenham a viabilidade do negócio agrícola e industrial.

IV. Haverá necessidade de estabelecimento de contratos de médio a longo prazo com os agricultores para que seja possível a dotação de ações estruturantes para a melhoria de produtividade e ampliação da área de produção de mamona com a agricultura familiar.

O volume de biodiesel a ser produzido nessas condições pode ser estimado de maneira paulatina, que favoreça o aumento da produção e da produtividade no Nordeste, visando que parte do biodiesel nacional venha a atender às especificações europeias. Para a verificação da necessidade de o mecanismo ser obrigatório ou não, há de se estudar os custos dos aditivos no diesel, o nível em que o biodiesel de mamona pode substituir esses produtos, bem como estabelecer um plano de exportações do biocombustível.

Nesta obra, são consideradas as seguintes questões de mercado: a maior parte do diesel (cerca de 93%) é produzida nas refinarias da Petrobras; logo, a responsabilidade pela aditivação é dela, que possui três unidades de produção de biodiesel no semiárido com capacidade instalada total de 144 milhões de litros/ano que, somadas às cinco unidades da Brasil Ecodiesel e à da Comanche, totalizam 744 milhões de litros/ano. Logo, o parque industrial possui condições de estimular a produção do biodiesel de mamona e a Petrobras pode desempenhar papel decisivo na indução desse mercado.

Do exposto, infere-se que até o momento o programa de biodiesel tem fortalecido a agricultura familiar mais consolidada, aquela vinculada à soja, organizada em cooperativas no Sul do país. Já o arranjo custo-benefício do programa para incentivar a agricultura familiar do Nordeste mostrou-se, até o momento, insatisfatório. Tudo conduz, portanto, à necessidade de reavaliação desses pontos fracos e de implementação de um plano consistente de inclusão social dos agricultores familiares do Nordeste, bem como de uma estratégia de replicação das experiências exitosas.

Conclusões

O biodiesel é uma realidade no Brasil, e seu uso deverá ter níveis crescentes nos próximos anos, com boas perspectivas de exportação.

É resultado de uma comunhão de esforços do governo somados ao alto nível de empreendedorismo do país e de envolvimento da sociedade civil organizada.

Há muito a ser feito em termos de pesquisa e desenvolvimento, tanto agrícola como industrial.

Existe um leque considerável de matérias-primas a serem exploradas em todo o seu potencial de geração de energia e de conservação e/ou recuperação do meio ambiente.

A soja é uma delas, importante para sustentar os níveis de mistura obrigatórios, além de ser igualmente importante para que as outras matérias-primas cresçam em quantidade e tecnologia de produção.

A agricultura familiar ampliará a sua participação nessa cadeia produtiva desde que haja participação crescente dos movimentos sociais e das organizações sindicais que a representam, que sejam ampliados os atuais mecanismos de apoio governamental e que a inserção dos agricultores familiares seja feita de maneira paulatina e sustentável.

O biodiesel amplia a oferta de alimentos, sobremaneira dos produtos cárneos e lácteos.

Embora com custos de produção superiores aos do diesel, o biodiesel deverá atingir um bom nível de competitividade à medida que avançarem as pesquisas e que a adoção de mecanismos de transferência de tecnologia agrícola se intensificar.

O biodiesel melhora a qualidade do diesel, especialmente a lubricidade, sendo esta a qualidade mais intensa do biodiesel de mamona. Este, embora com custo de produção mais alto que o dos demais, quando usado em mistura permite a especificação do biodiesel de soja e do de girassol segundo normas europeias.

A estruturação da cadeia produtiva do biodiesel mostrou que é possível, desde que dispondo dos instrumentos adequados, compatibilizar as necessidades de mercado com o fomento à inclusão social da agricultura familiar. Há muito que otimizar no plano de inclusão social do biodesel, mas os resultados até agora apresentados mostram que é possível promover a implantação de uma cadeia produtiva com economicidade e inserção social.

Referências bibliográficas

AZEVEDO, D. M. P. de & LIMA, E. F. AZEVEDO (orgs.). *O agronegócio da mamona no Brasil*. Campina Grande: Embrapa Algodão, 2001.

BUAINAIN, A. M. & GARCIA, J. R. "Biodiesel sem agricultura familiar? Incentivos para o agricultor familiar são fracos". Em *O Estado de S. Paulo*, São Paulo, 12-8-2008.

EMPRESA BRASILEIRA DE PESQUISA AGROPECUÁRIA DE MINAS GERAIS (EPAMIG). *Programa de Geração de Tecnologia para Culturas Oleaginosas na Região Semiárida do Estado de Minas Gerais*. Relatório apresentado ao MDA (convênio nº 023/2004). Nova Porteirinha, agosto de 2007.

JUNIOR, E. F. "Agroenergia: perspectivas de produção de biodiesel". Em Seminário de Inserção das Cooperativas no Processo de Produção de Biodiesel, 2º, 2006. Apresentação não publicada.

LEITE, R. M. V. B. de C.; BRIGHENTI, A. M.; CASTRO, C. de (orgs.). *Girassol no Brasil*. Londrina: Embrapa Soja, 2005.

MENANI, R. "O edital que colocou a mamona em cheque". Em *Revista Biodiesel*, nº 30, São Paulo, julho de 2008.

MINISTÉRIO DE MINAS E ENERGIA. SECRETARIA DE PETRÓLEO, GÁS NATURAL E COMBUSTÍVEIS RENOVÁVEIS. DEPARTAMENTO DE COMBUSTÍVEIS RENOVÁVEIS. *Boletim DCR. Boletim Mensal dos Combustíveis Renováveis*, 5, Brasília, Ministério de Minas e Energia/Secretaria de Petróleo, Gás Natural e Combustíveis Renováveis/Departamento de Combustíveis Renováveis, maio de 2008.

________. *Boletim DCR. Boletim Mensal dos Combustíveis Renováveis*, 7, Brasília, Ministério de Minas e Energia/Secretaria de Petróleo, Gás Natural e Combustíveis Renováveis/Departamento de Combustíveis Renováveis, julho de 2008.

MINISTÉRIO DA AGRICULTURA, PECUÁRIA E ABASTECIMENTO. *Plano Nacional de Agroenergia: 2006-2011*. 2ª ed. Brasília: Ministério da Agricultura, Pecuária e Abastecimento, 2006.

MINISTÉRIO DA AGRICULTURA, PECUÁRIA E ABASTECIMENTO. COMPANHIA NACIONAL DE ABASTECIMENTO. *Acompanhamento da Safra Brasileira – Grãos*. Décimo Primeiro Levantamento, agosto de 2008. Brasília: Ministério da Agricultura, Pecuária e Abastecimento/Companhia Nacional de Abastecimento, 2008.

MINISTÉRIO DA INDÚSTRIA E DO COMERCIO. SECRETARIA DE TECNOLOGIA INDUSTRIAL. *Produção de Combustíveis Líquidos a partir de Óleos Vegetais*. Brasília: Ministério da Indústria e do Comércio/Secretaria de Tecnologia Industrial, 1985.

MINISTÉRIO DO DESENVOLVIMENTO AGRÁRIO. *Relatório Clipping Biodiesel – 1º de janeiro a 31 de julho de 2008*. Brasília: Ministério do Desenvolvimento Agrário, 2008.

MINISTÉRIO DO DESENVOLVIMENTO, INDÚSTRIA E COMÉRCIO EXTERIOR. SECRETARIA DE COMÉRCIO EXTERIOR. *Alice-Web*. Disponível em http://aliceweb.desenvolvimento.gov.br. Acesso em 25-8-2008 . Brasília: Ministério do Desenvolvimento, Indústria e Comércio Exterior/Secretaria de Comércio Exterior, 2008.

NOGUEIRA, L. A. H. "O biodiesel na hora da verdade". Em *O Estado de S. Paulo*, Opinião, São Paulo, 7-2-2008.

OLIVEIRA, M. C. J. *et al.* "Densidade de biodiesel de mamona em função da proproção de mistura e da temperatura". Em *V Congresso Brasileiro de Plantas Oleaginosas, Óleos, Gorduras e Biodiesel. Livro de Resumos*. Lavras: Universidade Federal de Lavras, 2008.

PRATES, J. P. "A diferença entre H-Bio e o Biodiesel". Em *Globo On Line*. Disponível em http://oglobo.globo.com/blogs/petroleo/post.asp?t=a_diferenca_entre_h-bio_o_biodiesel&cod_Post=13215&a=97. Acesso em 1º-9-2008.

REZENDE, D. B. R & ÁVILA, R. N. A. "Estudo comparativo do comportamento a frio entre diferentes amostras de B20 e B100". Em *V Congresso Brasileiro de Plantas Oleaginosas, Óleos, Gorduras e Biodiesel. Livro de Resumos*. Lavras: Universidade Federal de Lavras, 2008.

SILVA, P. R. F. DA. "Sucessão e rotação de culturas". Em UFRGS (org.). *Girassol: indicações para o cultivo no Rio Grande do Sul*. Porto Alegre: Metrópole, 1985.

TREZZI, M. M. & SILVA, P. R. F. "Sistemas de cultivo de milho em consórcio de substituição e em sucessão a girassol". Em *Resumos do XIX Congresso Nacional de Milho e Sorgo*. Porto Alegre: SAA/RS, 1992.

UNGARO, M. R. G. *Cultura do girassol*. Boletim técnico, nº 188. Campinas: IAC, 2000.

Agrocombustíveis:
solução ou problema?

Jean Marc von der Weid

Introdução

O ensaio que se segue foi escrito em julho de 2008, quando o barril de petróleo chegou ao recorde de 146,00 USD. Ele vai ser publicado com o barril valendo perto de 35,00 USD. Essa queda radical nos preços, não só do petróleo, mas de todos os combustíveis fósseis, parece desmentir as análises do artigo e, por isso, necessita algumas aclarações.

Para quem acha que os preços baixos voltaram para ficar, as notícias são más. O que estamos assistindo não é mais do que um curto respiro em uma espiral ascendente dos preços do petróleo. Alguns especialistas afirmam que esse comportamento do mercado de petróleo, com oscilações fortes em uma tendência de longo prazo de alta, vai se tornar o padrão a partir de agora. A razão principal é que a produção de petróleo e de outros combustíveis fósseis está alcançando seus limites, e isso tensiona os preços para cima. A especulação que acompanha esse movimento exacerba a tendência de alta, assim como faz o mesmo quando algo reverte, momentaneamente, as expectativas ou a demanda de petróleo.

O descolamento entre os preços do petróleo e os movimentos de oferta e demanda fica claro quando se observa que a queda de quase 75% no valor do barril é acompanhada por uma baixa de consumo de apenas 200 mil barris por dia, ou seja, 0,23% do total de 86 mbd. Nos mercados futuros de petróleo o barril está cotado em 50,00 USD, enquanto as previsões para a média do ano de 2009 apontam para 100,00 USD.

A velocidade de recuperação dos preços do petróleo depende da recuperação da atividade econômica e da superação da crise atual. No entanto, com a economia global tão fortemente dependente da energia fóssil e, particularmente, de petróleo, qualquer movimento de retomada de consumo imediatamente tensionará os preços para cima, pois a capacidade de aumento da oferta não só é estruturalmente limitada como ficará ainda mais precária com a desaceleração dos investimentos em novos campos, induzido pela queda dos preços.

O *hard fact* a ser encarado é que, retomada tendência de aumento de consumo de petróleo nos níveis pré-crise, em 2030 terão de estar em operação novos campos capazes de produzir 64 mbd. Para manter os níveis de consumo atuais serão necessários, em 2030, 45 mbd de "petróleo novo", ou seja, de novas explorações. Isso decorre do acelerado esgotamento das reservas conhecidas. Como não houve nenhuma descoberta significativa nos últimos trinta anos e a demanda mundial de petróleo é coberta em 50% por combustíveis retirados de megacampos no Oriente Médio, campos esses que estão entrando em declínio, as chances de se encontrarem entre 5 e 8 Arábias Sauditas são nulas.

Assim, a questão apontada no texto que se segue continua válida. Como superar a dependência do petróleo? Os agrocombustíveis são uma boa opção?

Pano de fundo

Os agrocombustíveis vêm sendo apresentados por seus defensores como solução para graves problemas que preocupam a humanidade neste início de século. Defende-se que, de um lado, poderiam resolver ou pelo menos mitigar significativamente a crescente crise energética (e econômica) provocada pelo aumento brutal dos preços do petróleo. De outro, poderiam diminuir a emissão de gases de efeito estufa (GEE), contribuindo, portanto, para enfrentar o problema do aquecimento global.

O início do fim da era do petróleo

O pano de fundo para tais pretensões é uma situação realmente preocupante. Com efeito, não há dúvida de que a era do petróleo barato chegou ao fim. O preço do barril ultrapassou os US$ 140,00 no início de julho de 2008, e alguns especialistas apostam que atingirá o valor de US$ 200,00 até o fim desse ano.[1] Esse aumento se deu em um curto intervalo, intensificando-se a partir de fevereiro de 2007 para crescer 180% em dezesseis meses.[2] Parte dessa disparada dos preços é devida a movimentos especulativos e pode ser revertida, mas os novos patamares nas cotações se devem a questões de fundo: fica mais claro a cada dia que a disponibilidade de petróleo chegará aos seus limites nas próximas décadas.

A avaliação da futura disponibilidade de petróleo e outros combustíveis fósseis é objeto de debates apaixonados, com implicações econômicas e políticas cruciais. Desde 1956, o geógrafo americano K. Hubbert predisse que o "pico de produção" do petróleo no mundo ocorreria por volta do ano 2000, e que o dos Estados Unidos ocorreria por volta do ano de 1970.[3] Hubbert não foi levado a sério, mas sua previsão, no que concerne à produção dos Estados Unidos, não poderia ter sido mais precisa: o pico ocorreu exatamente naquele ano. O geógrafo não acertou a previsão do *oil peack* para o mundo, mas se discute hoje sobre qual seria a margem de erro, se de alguns anos ou de, no máximo, duas décadas.

---

1 Analistas de Wall Street citados por Martin Zimmermann, "Over a Barrel; What if Oil Hits $200?", em *Los Angeles Times*, 28-6-2008.

2 Steve Yetiv, "The Challenges of Peak Oil", em *Houston Chronicle*, 28-6-2008, disponível em http://www.chron.com/disp/story.mpl/editorial/outlook/5861525.html.

3 Mauro Porto, *O crepúsculo do petróleo* (Rio de Janeiro: Brasport, 2006), p. 28.

Os três especialistas independentes mais renomados no setor petrolífero avaliam que o pico da produção mundial de petróleo já pode estar ocorrendo desde 2006 ou ocorrerá até 2010. Para 2030, Colin Campbell prevê uma produção de 20 bilhões de barris.[4] Tony Eriksen e Matt Simmons concordam com a previsão de 14,6 bilhões.[5] Como a demanda prevista para 2030 é de 40 bilhões de barris,[6] o déficit no fornecimento de petróleo variará, nessas previsões, entre 50% e 63%.

Isso não significa que a oferta diminuirá imediatamente, mas que se ela se mantiver nos níveis atuais ou se crescer tanto quanto está prevista a expansão da demanda, as reservas existentes vão se esgotar mais rapidamente. Esse prognóstico resulta de observações sobre o ritmo e a importância das descobertas de novos campos em contraposição ao esgotamento dos que estão em exploração. Não apenas há menos descobertas significativas, mas as que vêm sendo anunciadas, como os campos brasileiros em águas profundas e no pré-sal, são difíceis de explorar e implicam custos elevados. Estes podem ser contrabalançados pelos preços crescentes do petróleo, mas os custos energéticos da extração podem tornar alguns deles inviáveis.

Apesar da importância das novas descobertas de petróleo da Petrobras para o Brasil, as reservas previstas não alteram de forma significativa o quadro mundial já apresentado, embora, obviamente, criem condições excepcionais para o país na travessia para uma nova matriz de oferta e demanda de energia, se soubermos aproveitar essa situação.

---

4 *Apud* Gail E. Tverberg, "Peak Oil Overview – June 2008", em *Energy Bulletin*, junho de 2008, disponível em http://www.energybulletin.net/node/45681.

5 *Ibidem*.

6 *Ibidem*.

Seja pelo esgotamento das reservas, seja pelos custos crescentes de exploração das reservas remanescentes, os preços dos combustíveis vão se colocar em patamares que prenunciam imensos problemas econômicos para uma civilização que depende desses recursos para atividades essenciais como produção de energia elétrica, agricultura, transporte e aquecimento. Não é demais lembrar que a civilização, tal como a conhecemos, é essencialmente dependente do uso de energia fóssil barata e que o fim desta, portanto, terá dramáticas implicações para a humanidade. É bom ter em mente que a energia contida em um barril de petróleo corresponde à energia despendida pelo trabalho de oito anos e sete meses de um ser humano.[7] Isso demonstra o grau de dependência que a civilização tem dessa forma de energia que permitiu a extraordinária expansão da economia mundial desde o início do século XX.

O petróleo responde por 35,3% da energia consumida no mundo, seguido do carvão (23,2%), do gás natural (21,1%) e da energia nuclear (6,5%). A soma da contribuição dessas fontes não-renováveis corresponde a pouco mais de 86% do consumo mundial de energia.[8] Parte da demanda de energia fornecida pelo petróleo pode ser atendida pela expansão do consumo de gás natural, cujo pico está previsto para daqui a trinta anos, segundo a Energy Information Administration (EIA) do governo americano.[9] Em contrapartida, a produção de carvão deve atingir o seu pico por volta de 2025,[10] completando o quadro

---

7 Andrew Nikiforuk, "Oil Disquiet on the Western Front", em *The Globe and Mail*, 28-6-2008.

8 José Goldemberg (org.), *World Energy Assessment: Energy and the Challenge of Sustainability* (UNDP/UN-Desa/World Energy Council, 2000).

9 "Oil and Gas Production Profiles – 2005 Base Care", US Energy Information Administration Website.

10 Energy Watch Group, "Coal: Resources and Future Production", em EWG-Series nº 1/2007, março de 2007, disponível em http://www.energywatchgroup.org/fileadmin/global/pdf/EWG_Report_Coal_10-07-2007ms.pdf.

de crise da economia e, por que não dizê-lo, da civilização tal como a conhecemos.

É possível alterar a matriz de oferta de energia substituindo-se o petróleo por gás natural ou carvão (o que já vem acontecendo desde as crises do petróleo de 1973 e 1979), mas isso implica mudanças radicais e caras tanto na produção como na distribuição e uso de energias fósseis, e não reverterá a tendência do aumento do preço dos combustíveis.

Diante dessas previsões sombrias, não é de se admirar que a busca por alternativas energéticas, sobretudo as renováveis, tenha se tornado uma obsessão mundial. Poderíamos discutir se não seria mais sensato procurar por outra matriz de demanda energética por meio de novos padrões de consumo, possibilidade que será discutida brevemente no final deste capítulo.

Ameaça do aquecimento global

O segundo fator de preocupações no plano internacional é o aquecimento global provocado, entre outros fatores, pelo uso dos combustíveis fósseis e a decorrente emissão de gases de efeito estufa (GEE), em particular o CO_2.

Segundo o Painel Intergovernamental de Mudanças Climáticas (Intergovernmental Panel on Climate Change – IPCC), a temperatura média do mundo subiu 0,6 °C durante o século XX, e o limite de aumento incremental que o planeta pode suportar sem que se desencadeie uma espiral de efeitos retroalimentadores e de catástrofes naturais e humanas é de apenas 2 °C.[11] Mantidas as presentes emissões de CO_2 em cinquenta

[11] Cf. International Energy Agency, *apud* Antonio Martins, "A possível revolução energética", em *Le Monde Diplomatique*, disponível em http://diplo.uol.com.br/2007-04,a1559, abril de 2007.

anos, o que é uma hipótese mais do que otimista, o aumento de temperatura alcançará 2,7 °C.[12] Na hipótese mais pessimista, as emissões de GEE se expandirão no mesmo ritmo dos últimos anos e o aumento de temperatura será de 4,5 °C. Isso não significa apenas que o mundo será, em média, mais quente, mas que o clima se tornará caótico e imprevisível, com secas e inundações mais numerosas e mais intensas e tornados, ciclones, furacões e tempestades de granizo mais brutais.

É claro que a redução no uso dos combustíveis fósseis, cuja previsão já foi apresentada, implica, aparentemente, um alívio na emissão dos GEE. Entretanto, há combustível fóssil suficiente para ser queimado nas próximas décadas, mesmo com custos crescentes e reservas declinantes, para gerar o efeito indicado. Como os gases emitidos são de absorção lenta, seu efeito é cumulativo e de longo prazo.

O impacto do aquecimento global na vida do planeta se dará de diversas formas, mas a mais importante será, sem dúvida, a perturbação na produção agrícola mundial. Apresentar os agrocombustíveis como solução para esse problema é uma forma de responder à crescente preocupação com a ecologia, hoje não mais apenas uma "obsessão de ambientalistas".

Limites dos agrocombustíveis

São analisados aqui apenas dois tipos de agrocombustíveis cuja expansão recente vem provocando polêmica: o etanol e o biodiesel. Não se discute aqui sobre a lenha ou o carvão vegetal, agrocombustíveis mais tradicionais, embora seja reconhecida

---

12 Cf. Oak Ridge National Laboratory – Global Carbon Emission Data, *apud* Bill McKibbel, *National Geographic*, outubro de 2007.

sua importância. Tampouco se analisam os agrocombustíveis de segunda geração, pois há um consenso de que eles só serão importantes no mercado em uma ou duas décadas.

As matérias-primas mais importantes para a produção de etanol são, atualmente, o milho e a cana-de-açúcar, mas também são utilizados a beterraba, a mandioca e o trigo. Para a produção de biodiesel são utilizadas com mais frequência a colza, a soja, a palma e a mamona, muito embora quaisquer oleaginosas, como pinhão manso, girassol e algodão, possam servir.

Essa avaliação se refere à realidade dos atuais programas de etanol e biodiesel existentes no mundo, em particular no Brasil, nos Estados Unidos e na União Europeia. Acredita-se que, com outra tecnologia (a agroecologia), outra base social (a agricultura familiar) e outra estratégia (uso dos agrocombustíveis para responder às demandas descentralizadas de energia rural), os agrocombustíveis possam ser uma alternativa energética interessante, muito embora sem as ambições dos programas atuais. Essa possibilidade é rapidamente discutida ao final deste capítulo.

Balanço energético

O balanço energético é a relação entre a energia investida na produção e a energia contida nos agrocombustíveis. Em sistemas convencionais típicos do agronegócio, a energia investida é quase totalmente de origem fóssil. Avaliar essa relação é imperativo no momento atual, em que as reservas de combustíveis fósseis estão chegando ao seu fim, pois se os agrocombustíveis consumirem mais energia fóssil em sua produção do que aquela contida nos combustíveis fósseis que vão substituir não valerá a pena utilizá-los.

A batalha sobre os cálculos do balanço energético dos agrocombustíveis (assim como dos produtos alimentares) é antiga, e os resultados variam significativamente de acordo com a metodologia utilizada por diferentes autores.

Tad Patzek, da Universidade da Califórnia, em Berkeley, e David Pimentel, professor da Universidade de Cornell, no Estado de Nova York, utilizam os métodos mais meticulosos e abrangentes, incluindo não apenas os custos energéticos diretos, como combustíveis e mão-de-obra, mas também os custos energéticos para produzir os diferentes insumos, máquinas e construções. Os dados que apresentam no seu estudo mais recente são bastante discrepantes dos produzidos pelo governo brasileiro e pelo agronegócio do açúcar e do álcool no Brasil. Segundo estes últimos, a relação entre a energia contida no etanol e a energia fóssil utilizada na sua produção é de 8 x 1.[13] Segundo o estudo citado, mesmo considerando que a energia necessária para transformar cana em etanol seja fornecida pelo bagaço da cana e pelas folhas da planta (restolho), o balanço energético é apenas levemente positivo.[14] Se o bagaço e o restolho não forem utilizados como fonte de energia na transformação da cana em etanol, o balanço energético será negativo. A queima do bagaço como fonte de energia é usual no Brasil, mas o restolho não é aproveitado na maioria dos canaviais. Sem o uso do restolho como fonte de energia e com a inclusão do custo energético do tratamento de efluentes das destilarias, o balanço energético do etanol da cana-de-açúcar fica negativo.[15]

---

13 "Ethanol + Brazil = Success for Infinity Bio-energy", em *Brazil: a Brand of Excellence*, Editora Brazil Now, outubro de 2007.

14 Tad W. Patzek & David Pimentel, "Thermodynamics of Energy Production from Biomass", em *Critical Reviews in Plant Sciences*, 24 (5), disponível em http://dx.doi.org/10.1080/07352680500316029, 2005, pp. 327-364.

15 *Ibidem.*

Outros estudos também produzem resultados discrepantes. Andreoli e Souza, da Embrapa Soja, em Londrina, Paraná, chegaram a uma relação de 3,24 x 1 entre energia produzida e consumida no caso do etanol de cana-de-açúcar.[16] A pesquisadora da Embrapa Agrobiologia, Johanna Döbereiner, falecida, em estudo de 1999 chegou a uma relação de 2,5 x 1 que alcançaria 4,5 x 1 se toda a energia necessária para o processamento fosse produzida pelo bagaço e 5,8 x 1 se todos os adubos nitrogenados fossem eliminados.[17] Mesmo se todas as condições ideais apontadas por Döbereiner fossem cumpridas, o balanço energético não alcançaria os 8 x 1 proclamados pela indústria do etanol e pelo governo brasileiro.

No caso da produção de etanol de milho, o balanço energético é claramente negativo. São necessárias 1,29 unidades de energia fóssil para produzir uma unidade de agroenergia, segundo Pimentel.[18]

O grande complicador nesse esforço de produzir combustíveis renováveis é que estes, na forma em que vêm sendo produzidos, dependem totalmente dos próprios combustíveis não-renováveis que pretendem substituir. Se o balanço energético dos agrocombustíveis fosse tão espetacular como preten-

---

[16] C. Andreoli & S. P. Souza, "Sugarcane: the Best Alternative for Converting Solar and Fossil/Energy into Ethanol", em *Economy and Energy*, 9 (59), dezembro de 2006-janeiro de 2007, disponível em http://ecen.com/eee59/eee59e/sugarcane_the_best_alternative_for_converting_solar_and_fossil_energy_into_ethanol.htm.

[17] Johanna Döbereiner, V. L. D. Baldani & Veronica Massena Reis, "The Role of Biological Fixation to Bio-energy Programmes in the Tropics", em Carlos Eduardo Rocha-Miranda (org.), *Transition to Global Sustainability: the Comtribution of Brasilian Science*, vol. 1 (Rio de Janeiro: Academia Brasileira de Ciências, 2000), pp. 195-208.

[18] David Pimentel, "Ethanol Fuels: Energy Balance, Economics and Environmental Impacts are Negative", em *Natural Resources Research*, 12 (2), junho de 2003, pp. 127-134.

dem seus defensores, ainda assim a proposta estaria limitada a otimizar o uso do petróleo enquanto este durar. Como foi visto, essa hipótese é bastante discutível.

O balanço energético para o biodiesel é menos estudado. Em geral as informações disponíveis se limitam a comparar o conteúdo energético por peso de produto ou por unidade de área de cultura, sem discutir a quantidade de energia fóssil necessária para a sua produção.

Uma reportagem sobre biodiesel do *Globo Rural*, por exemplo, indica que a produção de 1 ha/ano de soja permite abastecer 5 *pick-ups*, ao passo que a mesma área de algodão abastece 6, a de mamona, 9, a de girassol, 11, a de pinhão manso, 20 e a de dendê, 31.[19] O artigo não informa qual a distância percorrida por cada *pick-up* com os diferentes combustíveis, e essa informação é essencial, pois o diferencial energético de cada um desses óleos vegetais é significativo.

Apesar desses senões, é claro que o dendê (azeite de palma) é a matéria-prima mais interessante para a produção de biodiesel. No entanto, o produto mais utilizado hoje é a colza, cujo conteúdo energético é quase tão limitado quanto o da soja, assim como sua produtividade por hectare. A explicação para essa predominância reside no estímulo que os governos europeus promovem ao seu cultivo, por meio da concessão de fortes subsídios, e no fato de não haver outra oleaginosa tão bem adaptada às condições europeias.

A soja ocupou um lugar "natural" no programa de biodiesel do governo brasileiro, que era, inicialmente, voltado para o uso da mamona. A lógica governamental era criar um

---

19 Mariana Caetano, "O desafio do biodiesel", em *Globo Rural*, novembro de 2006, p. 45.

programa agroenergético dirigido para a agricultura familiar e, sobretudo, nordestina. A envergadura e a velocidade de implementação do programa entraram em choque com a capacidade desse público de responder à demanda induzida pelo governo. Assim, pouco a pouco a soja foi tomando o espaço destinado à mamona, e hoje representa 80% da matéria-prima utilizada. Apesar de seu baixo rendimento energético, o óleo de soja é um produto abundante, pois é subproduto da produção de torta e farelo para alimentação animal, hoje em expansão exponencial.

Segundo Pimentel, a produção do óleo de soja tem um balanço energético negativo, entre 32% e 8%; isto é, sua produção consome entre 1,08 e 1,32 mais energia do que aquela incorporada no produto.[20] A diferença apontada corresponde à inclusão ou não do valor energético do farelo para alimentação animal na equação.

O balanço para o girassol é ainda mais negativo, variando entre 2,18 × 1 e 1,96 × 1, apesar de sua maior densidade energética. A vantagem da soja se explica pelo fato de esse grão ser um dos produtos com menor uso de adubos nitrogenados, os quais representam grande investimento energético na agricultura como um todo.[21] O balanço energético para a colza também é pior do que o da soja. Não se conhecem estudos de mesma profundidade sobre o óleo de palma, o de pinhão manso ou o de mamona, mas tudo indica que devem ser bem mais interessantes. Entretanto, pelo menos em médio prazo e na ausência de políticas mais fortes, fica claro que o predomínio atual da colza, da soja e da palma se manterá devido a questões políti-

---

[20] D. Pimentel & M. Pimentel (orgs.), *Food, Energy and Society* (3ª ed. Boca Raton: CRC Press, 2007), p. 325.

[21] *Ibidem*.

cas (subsídios na União Europeia) ou à abundância da oferta de óleo de soja. O óleo de palma tem muitas vantagens sobre esses dois produtos, tanto do ponto de vista do balanço energético como dos custos, e só não dominará o mercado se o habitual protecionismo dos europeus não permitir.

Para concluir, pode-se afirmar que os balanços energéticos dos principais agrocombustíveis, tal como são produzidos, são negativos. A exceção possível é o etanol de cana-de-açúcar, mas mesmo nesse caso os estudos disponíveis não confirmam os balanços energéticos propagandeados pelos seus defensores.

Balanço nas emissões de gases de efeito estufa (GEE)

Não deixa de ser um paradoxo interessante o fato de que os agrocombustíveis estejam dirigidos, sobretudo, à substituição de gasolina e óleo diesel, ou seja, a parte da matriz de emissões de GEE relativa aos transportes. Estes são responsáveis por 14% do total da matriz de emissões mundial, o mesmo percentual atribuído às emissões causadas pela agricultura. No entanto, aponta-se que 18% dessa matriz de emissões mundial corresponde a mudanças no uso da terra, isto é, a quantidade de GEE lançada na atmosfera cada vez que se desmata ou, de forma mais geral, que se substitui a cobertura vegetal natural.

As atividades que provocam essas substituições podem ser a construção de estradas, de barragens, a urbanização, a agricultura, a pecuária ou as plantações de florestas homogêneas, etc. Os três últimos fatores apontados representam 80% das causas de substituição da cobertura vegetal natural. Somando o impacto direto das atividades "agrícolas" (agrossilvopastoris) ao impacto indireto da substituição da cobertura vegetal natural devido à expansão das mesmas, chega-se a cerca de 30% de emissões de GEE relacionadas com a agricultura.[22]

Em outras palavras, para diminuir as emissões de GEE do setor de transportes amplia-se um setor, a agricultura, que provoca mais emissões que o primeiro. Essa contradição mais geral já seria suficiente para se questionar a lógica da promoção dos agrocombustíveis com o objetivo de reduzir o aquecimento global.

Segundo o Prêmio Nobel Paul Crutzen, a produção de biodiesel de colza e de etanol de milho pode contribuir para o aquecimento global, pois o efeito de redução de emissões de CO_2 é amplamente contrabalançado pela maior emissão de óxido nitroso (N_2O). O N_2O é um gás cujo impacto sobre o aquecimento global é trezentas vezes mais potente do que o do CO_2,[23] além de atingir a camada de ozônio. Crutzen indica no seu estudo que apenas o efeito do N_2O faz que o etanol de milho cause entre 10% menos e 50% mais impacto do que as emissões da queima da gasolina. Já o biodiesel de colza gera entre o mesmo nível de impacto e 70% mais impacto do que o diesel mineral. Bermann indica que o uso de biodiesel puro reduz a emissão de CO_2 em quase 80%, mas o aumento das emissões de N_2O é de 13%.[24] Devido ao impacto trezentas vezes maior desse gás, o balanço total torna-se negativo.

---

22 Nicholas Stern Cabinet Office, "The Economics of Climate Change: the Stern Review", em HM Treasury p. 171, disponível em http://www.hm-treasury.gov.uk/independent_reviews/stern_review_economics_climate_change/stern_review_Report.cfm.

23 Paul Crutzen *et al.*, "Nitrous Oxide Release from Agro-biofuel Production Negates Global Warming Reduction by Replacing Fossil Fuels", em *Atmospheric Chemistry and Physics*, 8 (2), 2008, pp. 389-395.

24 Bermann, *apud* C. Baruffi *et al.* (orgs.), *As novas energias no Brasil: dilemas da inclusão social e programas de governo* (Rio de Janeiro: Fase, 2007), p. 176.

Segundo Fargione *et al.*, "os agrocombustíveis causam mais emissões de GEE que os combustíveis convencionais, se a totalidade das emissões for computada, desde o desmatamento até o consumo".[25] Em contrapartida, os autores identificaram quantos anos de produção de agrocombustíveis seriam necessários para compensar as emissões de GEE se a área em que fossem produzidos fosse desmatada. O pior balanço foi da substituição da floresta tropical pela produção do óleo de palma na Indonésia, com um prazo de 420 anos. A substituição de áreas da floresta Amazônica por plantios de soja para biodiesel produzirá GEE que levariam 320 anos para serem compensados pelo equivalente de biodiesel originado nessa área. O menor tempo de "pagamento desta dívida de emissão dos GEE" é o da cana plantada em áreas do cerrado, que compreende dezessete anos. Embora nitidamente mais interessante em termos de emissão de GEE (quando comparada com outras matérias-primas para agrocombustíveis), a cana não deixa de ter um impacto significativo.

Righelato e Spracklen sugerem que a proteção de áreas não cultivadas (florestas, savanas, etc.) pelo prazo de trinta anos evitaria entre duas a nove vezes mais emissões de GEE do que o uso de agrocombustíveis produzidos nas mesmas áreas durante o mesmo período.[26]

Mesmo tomando-se em conta o caso mais favorável aos agrocombustíveis, o etanol de cana-de-açúcar, não resta dúvida de que seu eventual efeito positivo sobre as mudanças climáticas não é tão grande quanto o apregoado e que o mesmo

---

[25] Joseph Fargione *et al.*, "Land Clearing and the Biofuel Carbon Debt", em *Science*, 319 (5.867), 29-2-2008, pp. 1235-1238.

[26] Renton Righelato & Dominick V. Spracklen, "Carbon Mitigation by Biofuels or by Saving and Restoring Forests?", em *Science*, vol. 317, 17-8-2007, p. 902.

desaparece se sua produção vier a provocar desflorestamento ou destruição de pastagens nativas.

Há casos em que os efeitos negativos são mais evidentes, não sendo sequer contestados seriamente. A substituição de florestas nativas por monoculturas de palma na Indonésia e no Sudeste Asiático em geral foi examinada em estudo de Wetlands International, Delft Hydraulics and Alterra,[27] que concluiu que cada tonelada de biodiesel produzida corresponde a uma emissão de 10 t a 30 t de CO_2. Quando se consideram ainda as emissões por queima da turfa e a perda da capacidade de absorção de carbono desta última, estima-se que a produção e o consumo de 1 t de biodiesel de palma emitiria de duas a oito vezes mais CO_2 do que o diesel mineral que ele substituir.

A destruição da cobertura vegetal para a produção de matérias-primas do agrocombustível é um componente fundamental para avaliar o peso dessa atividade no aumento ou na diminuição das emissões de GEE. Por isso mesmo é preciso verificar as possibilidades de se conciliar a conservação das florestas, pradarias, turfa, etc. com a enorme expansão de área cultivada necessária para a expansão explosiva da demanda de agrocombustíveis.

Segundo estudo publicado no *New Scientist* de setembro de 2006, não existem mais do que 250 milhões a 300 milhões de hectares de terra no mundo que possam ser destinados à produção de agrocombustíveis.[28] Na pesquisa foram excluídas as áreas de florestas, desertos e outras partes impróprias, montanhas, áreas protegidas, terras com climas desfavoráveis e pastagens.

---

27 A. Hooijer *et al.*, "Peat CO_2, Assessment of CO_2 Emissions from Drained Peatlands in SE Asia", em *Tech. Report*, nº Q3943, Delft Hydraulics, 2006.

28 Sten Nilsson, "How Much Land is Available to Grow Biofuels", em *New Scientist*, 25-9-2006, p. 36.

O mesmo estudo considerou a hipótese da produção de energia com os agrocombustíveis de segunda geração que contêm mais celulose, com maior potencial para conversão mais eficiente, e concluiu que seriam necessários 290 milhões de hectares para cobrir apenas 10% da demanda projetada de energia no mundo em 2030. No entanto, também seriam necessários outros 200 milhões de hectares para cobrir a demanda suplementar de alimentos derivada do crescimento da população mundial, calculado entre 2 bilhões e 3 bilhões de habitantes. Outros 25 milhões de hectares seriam, ainda, necessários para cobrir as demandas crescentes das indústrias de madeira e de polpa de papel. Somando as diferentes demandas de áreas de cultivo, a necessidade seria de 515 milhões de hectares contra uma disponibilidade variando entre 250 milhões e 300 milhões. Ou seja, mesmo um objetivo bastante modesto de conversão de energia fóssil provocaria destruição inevitável de áreas florestadas com fortes emissões de GEE, além de outros impactos ambientais decorrentes.

Segundo o governo brasileiro e o *lobby* dos agrocombustíveis, o Brasil, ao contrário dos Estados Unidos e da União Europeia, tem alta disponibilidade de terras ainda não cultivadas e há espaço ainda para a expansão simultânea dos agrocombustíveis e da produção alimentar, sem que para isso seja necessário desmatar.

A expansão da cultura de cana-de-açúcar para a produção de etanol deverá se dar, segundo o governo brasileiro, em áreas de pastagens degradadas, e a criação de gado deslocada pelo agrocombustível não implicaria desmatamento, pois haveria uma intensificação nos sistemas de criação de gado, aumentando a carga animal por hectare de pastagem.

Segundo o ex-ministro da Agricultura, Roberto Rodrigues, a expansão da cana destinada ao etanol será de cerca de 700% até 2015, alcançando 21 milhões de hectares. Para ele, essa expansão ocorrerá sobre áreas de pastagens degradadas onde há terras adequadas para a cultura da cana-de-açúcar.[29] Já o presidente da União da Indústria de Cana-de-açúcar (Unica), Eduardo Pereira de Carvalho, prevê uma expansão de até 100 milhões de hectares nos próximos quinze anos.[30] Onde estarão essas terras? Como será visto no item "Agrocombustíveis e alimentos: até que ponto há contradição?", neste mesmo ensaio, a expansão da cultura de cana-de-açúcar vem se dando, sobretudo, na região Centro-Sul, principalmente no Sudeste e, mais especificamente, no estado de São Paulo, o que promove o deslocamento da pecuária e da cultura de soja para a Amazônia.

Com base nos dados apresentados, pode-se afirmar que os defensores dos agrocombustíveis deveriam abandonar a argumentação relativa aos benefícios do seu emprego no lugar dos combustíveis fósseis com o objetivo de reduzir as emissões de GEE. Está mais do que claro que os agrocombustíveis terão papel importante no aumento, e não na diminuição dessas emissões.

Os agrocombustíveis são uma forma de energia renovável e sustentável?

Como foi visto, os agrocombustíveis só serão totalmente renováveis se não dependerem de combustíveis fósseis e de outros

---

29 Roberto Rodrigues, em entrevista concedida ao Conselho de Informação sobre Biotecnologia, publicado em 30-8-2007, disponível em http://www.cib.org.br/entrevista.php?id=47.

30 Eduardo Pereira de Carvalho, *apud* Peter Blackburn, "Brazil could Double Ethanol Output by 2014 – Unica", em *Reuters*, 4-8-2006.

recursos naturais não-renováveis para a sua produção, condição que estão muito longe de atender. Mesmo supondo que o combustível utilizado na agricultura venha a ser também produzido por ela (por exemplo, que na produção de cana-de-açúcar se utilizem tratores e caminhões movidos a álcool ou biodiesel), há muitos outros componentes do sistema que dependem do petróleo ou do gás. Seria necessário encontrar formas de energia renovável também para esses componentes, para que a produção de etanol de cana fosse totalmente renovável.

Quanto maior a quantidade de combustível fóssil utilizada na produção de agrocombustíveis, menos renováveis estes serão. Porém, não é apenas o fim anunciado do petróleo que ameaça a agricultura convencional e a produção convencional de agrocombustíveis. Há outro insumo essencial para a agricultura que também já registra o seu pico de produção: o fósforo.

O fósforo é um elemento essencial para a vida. Ao lado do nitrogênio e do potássio, trata-se de um nutriente indispensável para o desenvolvimento das plantas.

A produção de adubos químicos nitrogenados é fortemente dependente de petróleo ou gás. O fósforo e o potássio têm de ser garimpados em jazidas e transformados em adubos químicos solúveis empregados nos sistemas convencionais de agricultura. Ocorre que essas jazidas estão em processo de esgotamento. Déry e Anderson[31] indicam que o pico de produção de fosfato já foi alcançado em 1989. Como no caso do petróleo, isso não quer dizer que a produção acabará em curto prazo, mas que as reservas já começaram a se esgotar, e que as novas jazidas já identificadas são mais difíceis e caras de se explorar.

---

[31] Patrick Déry & Bart Anderson, "Peak Phosphoros", em *Energy Bulletin*, 13-8-2007, disponível em http://www.energybulletin.net/node/33164.

O efeito imediato aparece nos preços dos fertilizantes que, como sabem todos os agricultores, não para de subir.

Na agricultura convencional, seja ela dirigida para a produção de alimentos e fibras ou para a produção de agrocombustíveis, a dependência de combustíveis fósseis se soma com a dependência de reservas de fósforo, uns e outros em processo de esgotamento. Tudo isso aponta para a constatação de que essas produções convencionais estão longe de ser renováveis.

Além das limitações provocadas por sua dependência de recursos naturais não-renováveis em processo de esgotamento, a agricultura convencional encontra também seus limites de sustentabilidade nos efeitos negativos que gera sobre o meio ambiente e sobre os recursos naturais renováveis que emprega.

O sistema agrícola convencional está baseado em processos extremos de artificialização do meio ambiente. Ele se caracteriza por grandes extensões de monoculturas que, no Brasil, chegam a áreas contínuas de até 100 mil hectares com a mesma planta na região dos cerrados. É preciso lembrar que um ecossistema natural tende a buscar a maior diversidade possível de plantas e que reduzi-lo a um sistema com apenas uma espécie provoca desequilíbrios ambientais gigantescos.

Esses desequilíbrios se manifestam por meio de uma série de fenômenos, que abarca desde a mudança dos microclimas e do regime local de chuvas até a explosão populacional de insetos-pragas e de micro-organismos fitopatogênicos que se tornam prejudiciais para as espécies cultivadas. Para controlá-los, os sistemas convencionais lançam mão de agrotóxicos que também provocam impactos perniciosos no meio ambiente e nos seres humanos, sejam eles produtores ou consumidores.

Na luta para controlar as reações da natureza, os sistemas agrícolas convencionais tendem a perder. O emprego de agrotóxicos vai se tornando aos poucos ineficiente, quer pelo surgimento ou aumento de resistência das pragas e ervas invasoras, objetos dos controles, quer pela multiplicação paulatina de novas pragas e espécies invasoras resistentes aos controles conhecidos. Calcula-se que desde o início do uso maciço de agrotóxicos, no imediato pós-guerra, as perdas de safras provocadas por esses inimigos das culturas tenham permanecido próximas do patamar em que se encontravam antes de se recorrer a essa medida, ou seja, em torno dos 20% a 30%.

Em outras palavras, os sistemas de produção agrícola convencionais, quer de alimentos, quer de agrocombustíveis, provocam desequilíbrios ambientais que tornam obrigatório o uso de agrotóxicos com eficiência cada vez menor e impactos ambientais novos e pesados. Esses são fortes indícios de insustentabilidade desses sistemas.

Outro fator de insustentabilidade dos sistemas convencionais de agricultura está nas perdas gigantescas de recursos naturais renováveis que eles provocam, em particular no que diz respeito ao solo. As grandes monoculturas deixam os solos expostos a fatores erosivos, como ventos e chuvas, o que não só prejudica o potencial produtivo dos mesmos como causa impactos fora dos sistemas produtivos, com o assoreamento de rios e lagos. Este último, por sua vez, resulta em perdas de energia nas hidroelétricas, além de possibilitar que inundações ocorram com mais frequência. A poluição química dos solos também é um forte fator de degradação, e o conjunto desses efeitos negativos produzirá perdas da ordem de 500 milhões de hectares de terras produtivas nos próximos dez anos, apenas no Terceiro Mundo, segundo previsão da Organização das Nações

Unidas para a Alimentação e a Agricultura (Food and Agriculture Organization – FAO).[32] Essa estimativa para as próximas décadas é maior do que a totalidade das terras necessárias para cobrir a demanda projetada de alimentos e de agrocombustíveis no ano 2030. Esse mesmo organismo da Organização das Nações Unidas (ONU) calculou que 37% dos cerca de 1,5 bilhão de hectares de terras cultivadas no mundo já estão degradados desde a Segunda Guerra Mundial. O impacto químico das práticas agrícolas foi responsável por 40% da degradação dos solos, ainda segundo pesquisas da FAO.[33]

A análise dos fatores considerados neste tópico demonstra que a produção de agrocombustíveis não é sustentável segundo o padrão convencional de produção agrícola. Além disso, ela está muito longe de ser limpa ou verde, dada a amplitude de seus impactos ambientais.

Agrocombustíveis e alimentos: até que ponto há contradição?

O aumento dos preços dos alimentos está estarrecendo o mundo; nunca esteve em ritmo tão acelerado. O preço do trigo subiu 130% no ano de 2007. O do arroz dobrou apenas nos primeiros três meses de 2008, e continua subindo. Outros produtos como milho, carnes e óleos vegetais acompanharam esse movimento de subida em espiral.

O presidente da República, Luiz Inácio Lula da Silva, tornou-se um militante na defesa dos agrocombustíveis, mas ele

---

32 Food and Agriculture Organization, *Global Assessment of Land Degradation and Improvement*, Roma, julho de 2008.

33 *Apud* Filemon Torres *et al.*, "Agriculture in the Early XXI Century: Agrodiversity and Pluralism as a Contribution to Address Issues on Food Security, Poverty and Natural Resource Conservation, Reflections on its Nature and Implications for Global Research", em *Global Forum on Agriculture Research*, Roma, julho de 2000.

deveria qualificar melhor a sua argumentação. Ao negar a influência desse setor da agricultura no recente aumento exponencial dos preços dos alimentos, atribuiu as críticas a um suposto complô da indústria do petróleo.

Não há qualquer conspiração a ser denunciada quando se constata que o aumento da produção dos agrocombustíveis vem implicando o aumento dos preços dos alimentos. Segundo o Banco Mundial, 75% dos aumentos se devem ao impacto dos agrocombustíveis e 15%, aos aumentos dos preços dos fertilizantes.[34]

O presidente poderia dizer que a produção nacional de etanol ou de biodiesel não causaria esse impacto internacional, pois isso é verdade. Porém, não se pode ignorar que o uso de um sexto da safra de milho dos Estados Unidos para fabrico de etanol e a perspectiva de que esse volume alcance a metade da safra em 2010 vêm causando ondas de choque no mercado de alimentos no mundo. Os Estados Unidos produzem 40% do milho do mundo e são responsáveis por 50% do total das exportações desse produto. Em um mercado fortemente globalizado, essa retirada maciça de milho do mercado tem efeito imediato. O preço do trigo aumentou porque muitos agricultores nos Estados Unidos estão redirecionando sua produção para a altamente subsidiada produção de milho, e parte do trigo produzido está sendo usada na alimentação animal. Em consequência, o preço das carnes, dependentes sobretudo nos Estados Unidos de rações de milho e de soja, também está subindo. O mesmo se passa com o leite e os derivados.

[34] Aditya Chakrabortty, "Secret Report: Biofuel Caused Food Crisis", em *The Guardian*, 4-7-2008, disponível em http://www.guardian.co.uk/environment/2008/jul/03/biofuels.renewableenergy.

Lula também tem razão ao apontar a relação entre o aumento dos preços do petróleo e o dos alimentos, mas falha ao não tirar consequências desse fato. Para evitar que a alta dos preços do petróleo influencie nos custos da alimentação, seria necessário adotar uma política que levasse a nossa produção agrícola a ser menos dependente desse combustível. Se o etanol ou o biodiesel produzidos no Brasil fossem voltados para substituir os combustíveis usados na produção agrícola, parte do ideal seria alcançado, mas sua produção é totalmente voltada ao consumo em veículos em geral, de forma indiferenciada. Em contrapartida, seria preciso que os preços dos agrocombustíveis não ficassem vinculados aos preços dos combustíveis fósseis. Finalmente, seria preciso que os custos de produção de etanol e de biodiesel fossem mais baixos que os dos produtos que pretendem substituir, o que não acontece no caso do biodiesel e do etanol de milho, que dependem de subsídios para serem viáveis.

Os agrocombustíveis tornam a produção de alimentos duplamente vinculada aos preços do petróleo. Uma vez que muito combustível fóssil ainda é usado na produção de alimentos, os preços do petróleo incidem sobre os custos de produção. Em contrapartida, esses mesmos preços estimulam a produção dos agrocombustíveis e provocam uma concorrência tanto no uso de solos como no de investimentos. Finalmente, aqueles produtos alimentares que também podem ser empregados na produção de agrocombustíveis serão redirecionados para esse fim.

Essa dupla incidência dos preços do petróleo sobre os preços dos alimentos resulta em um mercado capitalista globalizado, no qual os produtores buscam o maior lucro possível e as quantidades de agrocombustíveis e de alimentos colocadas no mercado são determinadas por quem pode pagar mais por um ou outro produto. Como disse Lester Brown, pesquisador norte--americano do Earth Policy Institute, os agrocombustíveis colocam em concorrência os cerca de 800 milhões de proprietários de automóveis com os cerca de 6 bilhões de consumidores de alimentos. Para os mais pobres entre os consumidores, os 2,7 bilhões que vivem com menos de US$ 2/dia, essa concorrência é fatal, pois os proprietários de automóveis têm maior poder aquisitivo.[35] Runge e Senauer indicam que encher um tanque de automóvel com etanol corresponde ao uso de cerca de 240 quilos de milho, quantidade que permitiria suprir uma pessoa por um ano com todas as calorias de que ela necessita.[36]

Dada a unificação do mercado de alimentos com o de combustíveis em uma era em que estes sobem de forma exponencial, o equilíbrio se verificará quando as margens de lucro dos alimentos forem equivalentes às dos agrocombustíveis que, por sua vez, estão vinculados aos preços dos combustíveis fósseis. Essa equação já está provocando fortes investimentos em agrocombustíveis em todo o mundo, a despeito das necessidades de produção alimentar em países que já são deficitários no seu abastecimento. Por exemplo, em países da África em que a mandioca é um produto de consumo de base há investimentos em produção de etanol de mandioca, o que não deixa de influenciar os custos da alimentação, sobretudo dos mais pobres.

Mesmo no Brasil a expansão da produção de etanol se faz mediante a substituição de culturas, apesar das afirmações em contrário do governo e da indústria. Ariovaldo Umbelino, professor da Universidade de São Paulo, analisou dados do Institu-

---

35 Lester Brown, "Earth Policy Institute", *apud* Robin Maynard, "Biofuels Report: against the Grain", em *Ecologist online*, 1º-3-2007.

36 Ford Runge & Benjamin Senauer, "How Biofuels Could Starve the Poor", em *Foreign Affairs*, maio-jun. de 2007.

to Brasileiro de Geografia e Estatística (IBGE) entre 1990 e 2006 e constatou que, no conjunto dos municípios em que a área plantada de cana-de-açúcar cresceu mais do que 500 hectares, houve redução de 261 mil e 340 mil hectares nas áreas cultivadas de feijão e de arroz, respectivamente. Essas áreas substituídas poderiam ter produzido 400 mil toneladas de feijão (12% da produção nacional) e 1 milhão de toneladas de arroz (9% da produção nacional). Nos mesmos municípios reduziu-se em 460 milhões de litros a produção de leite e em 4,5 milhões de cabeças o rebanho bovino.[37] Segundo o jornalista Mario Zanata, citando dados da Companhia Nacional de Abastecimento (Conab), a expansão da área cultivada com cana-de-açúcar na safra 2007/2008 na região Centro-Sul do Brasil se deu substituindo culturas de soja, milho, café e laranja, além de áreas de pastagem. As três primeiras representaram 27% da expansão e, embora esse dado confirme o fato de que a substituição se dá principalmente em áreas de pastagem, a perda das outras culturas está longe de ser negligenciável.[38]

Com os fortes estímulos para o aumento da produção de cana e soja, proporcionados quer pelo mercado internacional, quer pelo nacional – em que a política de agrocombustíveis do governo se faz decisiva –, é mais do que provável que esse processo de substituição de culturas alimentares prossiga. A criação de gado não sofreu queda de produção no período e isso se deve, sobretudo, a um duplo movimento: uma incipiente intensificação dos sistemas por meio do confinamento (que expandiu a demanda de soja e de milho para rações) e sobretudo

---

[37] Ariovaldo Umbelino, "Agrocombustíveis e produção de alimentos", em *Folha de S.Paulo*, São Paulo, 17-4-2008.

[38] Mauro Zanatta, "Cana avança em áreas de alimentos", em *Valor Econômico*, São Paulo, 30-4-2008.

pela migração das pastagens para a fronteira agrícola, com o consequente desmatamento no cerrado e, sobretudo, na Amazônia. Assis e Zucarelli apontam que nos estados dessa região o crescimento do rebanho bovino entre 2002 e 2005 foi de 11 milhões de cabeças. As taxas de crescimento nos estados do Pará, Rondônia, Amazonas e Tocantins foram, respectivamente, de 48,1%, 41,2%, 33,7% e 14,3%. No cômputo nacional, a taxa de crescimento do rebanho de bovinos foi de 5,9%.[39] Os autores indicam que esse deslocamento se deu pela crescente ocupação de áreas de pastagem na região Centro-Sul por cultivos de agrocombustíveis.

O governo brasileiro alimenta a ilusão de que se pode fazer tudo, produzir alimentos e agrocombustíveis, sem problemas de concorrência por terras, água e investimentos, e sem ampliar o já brutal processo de desmatamento na Amazônia e no cerrado. Como já foi visto, isso não é tão fácil. A expansão das áreas voltadas para o cultivo de cana para produção de etanol e de soja para farelo de alimentação animal e para biodiesel não deixará de influenciar o preço das terras e o processo de concentração da propriedade. Os investimentos correrão para onde o lucro for mais elevado e, para que eles se voltem para a produção de alimentos, estes terão de ter preços tão compensadores quanto os dos agrocombustíveis. Conclui-se assim que a espiral de preços altos veio para ficar.

O *big game*

Um movimento tão espetacular nas economias globalizadas não ocorre sem direção orientadora, um maestro de orquestra

---

39 W. F. T. Assis & M. C. Zucarelli, *Despoluindo incertezas* (Belo Horizonte: O Lutador, 2007).

que coordene as várias iniciativas no plano político e, sobretudo, na batalha pela opinião pública. Lembre-se de que esse é um programa que só existe por decisão política, pois do ponto de vista econômico ele não sobreviveria nem aqui, nem em qualquer lugar do mundo nas condições atuais. São os subsídios dos países do Primeiro Mundo que iniciaram o movimento de mudança espetacular na agricultura, e eles só são gastos por decisão de governos e de parlamentos. Para ganhar apoio, os interessados tiveram de criar argumentos e vendê-los para a opinião pública. Nos Estados Unidos, o argumento justificador do programa de agrocombustíveis foi a busca da autonomia energética e da segurança estratégica; e na Europa o *lobby* pegou carona na consciência ambientalista para torcê-la na direção que lhe interessava.

Nessa "briga de cachorro grande", os vencedores têm argumentos bem diferentes, que se combinam na promoção da "solução" dos agrocombustíveis. Quem são eles?

Para impulsionar o programa europeu foi preciso que a União Europeia decidisse por um objetivo compulsório de substituição de 10% dos combustíveis usados no transporte por agrocombustíveis até 2020. Essa decisão, de março de 2007, quase dobra o objetivo (não obrigatório) de substituição de 5,75% em 2010.[40]

O programa tem origem nas recomendações de um conselho conhecido pela sigla em inglês Biofrac (Biofuels Research Advisory Council), composto por dirigentes de empresas como Volvo, Volkswagen, Peugeot, Citroën, Shell, Institut Français du Pétrole, British Sugar e o principal organismo de *lobby* da bio-

[40] Corporate Europe Observatory, *The EU's Agrofuel Folly: Policy Capture by Corporate Interests*, junho de 2007.

tecnologia na Europa, EuropaBio. Esse conselho propôs a substituição de 25% de todos os combustíveis fósseis de transporte da União Europeia por agrocombustíveis até 2030.[41] As mesmas empresas também participam da Plataforma Tecnológica Europeia dos Biocombustíveis (European Biofuels Technology Platform – EBFTP), encarregada de implementar o programa.[42] Como foi visto, os setores de automóveis, petróleo e biotecnologia têm papel preponderante no programa europeu de biocombustível.

O setor dos automóveis defende os agrocombustíveis no contexto de uma estratégia mais ampla, para evitar o estabelecimento de critérios mais restritivos na emissão de CO_2 para carros de passageiros. Antes da decisão sobre agrocombustíveis e o estabelecimento de metas de substituição, a União Europeia discutia medidas drásticas para reduzir a emissão de CO_2, o que provocou uma intensa atividade de *lobby* do setor automobilístico. Na Europa, o setor de transportes representa 30% das emissões de GEE e depende em 98% de combustíveis fósseis. Calcula-se que 90% do aumento previsto de emissões de CO_2 entre 1990 e 2010 será provocado por esse setor, que não para de crescer.[43]

O setor de biotecnologia está vendo nos agrocombustíveis uma oportunidade de ouro para vencer a resistência dos consumidores europeus contra os alimentos transgênicos, investindo em agrocombustíveis "verdes" e melhorando sua imagem diante do público.

---

41 *Ibidem.*
42 *Ibidem.*
43 *Ibidem.*

A gigante europeia British Petroleum (BP) está em parceria com a empresa de biotecnologia DuPont, a Ford e a British Sugar para produzir biobutanol. A BP já é a maior empresa de agrocombustíveis no mundo, detendo 10% do mercado, e está investindo US$ 500 milhões em pesquisas em duas universidades americanas (Berkeley e Illinois) para criar o Energy Biosciences Institute.[44]

Como se vê, ao contrário do que denunciou o presidente Lula, o "dedo sujo de petróleo" não combate os agrocombustíveis. Que tem a ganhar esse setor? De um lado ele entra na onda lucrativa dos agrocombustíveis e, de outro, prolonga o prazo de uso de combustíveis fósseis. Os empresários desse setor sabem que o perigo de substituição maciça dos combustíveis fósseis é irreal, e não se sentem ameaçados pelos agrocombustíveis.

As indústrias europeias querem manter o máximo da produção dos agrocombustíveis no continente, mas sabem que as opções atuais obrigam a importações maciças de etanol ou de biodiesel para cumprir as metas estabelecidas pela Comissão Europeia. Várias delas investem na produção de óleo de palma na Ásia para aproveitar a maré favorável, e preparam o futuro pesquisando agrocombustíveis de segunda geração, sobretudo de celulose.

Nos Estados Unidos, a lógica de promoção dos agrocombustíveis é outra. Embora o discurso de redução das emissões de CO_2 seja empregado, o que predomina é, supostamente, a busca de autonomia energética para os transportes, com a consequente menor dependência de importações de países estrategicamente "problemáticos".

---

[44] *Ibidem.*

A indústria de transformação teve o papel mais destacado no *lobby* pelos agrocombustíveis. A Archer Daniels Midland (ADM), empresa que sempre cresceu a partir de suas conexões políticas, era a maior produtora de etanol em 2006, com um volume de mais de 4 bilhões de litros por ano, quatro vezes superior a sua concorrente mais forte, a VeraSun Energy. Em 2006, ela decidiu ampliar seus investimentos no etanol para US$ 1,2 bilhão e sua produção em 1,9 bilhão de litros até 2009. Segundo o crítico conservador James Bovard, já há dez anos quase metade dos lucros da ADM vinha de subsídios do governo. Como já foi visto nesse ensaio, os gastos do governo americano com subsídios estão entre US$ 5,5 bilhões e US$ 7,3 bilhões por ano, e continuam crescendo rápido, segundo a Global Subsidies Initiative (GSI).

Para a ADM, mas também para a Cargill, outra grande investidora americana em agrocombustíveis, esse processo tem um efeito duplamente lucrativo. De um lado, abre-se um novo e gigantesco mercado para seus produtos e, de outro, os preços do milho vão para a estratosfera. Como essas duas empresas, ao lado da Bunge, controlam 80% das exportações de milho dos Estados Unidos, o aumento nos lucros é colossal. A Cargill vem também investindo na produção de óleo de palma na Malásia e Indonésia, aproveitando a onda de importações dos países da União Europeia.[45]

Outras grandes ganhadoras nos Estados Unidos são as empresas de biotecnologia Monsanto e DuPont. Embora a produção de soja tenha sido amplamente dominada pelas sementes transgênicas dessas empresas, a adoção dessa tecnologia na

---

[45] C. Ford Runge & Benjamin Senauer, "How Biofuels Could Starve the Poor", em *Foreign Affairs*, maio-jun. de 2007.

produção de milho foi feita com muito menos êxito. As reações do mercado internacional, sobretudo, puseram freios à adoção das sementes de milho transgênico, e a onda de produção voltada para o etanol deverá facilitar a expansão dos negócios da biotecnologia.

Basta olhar para a performance das grandes empresas do agronegócio no mundo para identificar quem são os ganhadores nesse *big game* dos agrocombustíveis e da crise alimentar mundial. Os lucros da ADM subiram 67% entre 2006 e 2007, alcançando US$ 2,2 bilhões. A Bunge ampliou seus lucros em 49% e a Cargill em 30% no mesmo período.[46] Essas são as empresas que controlam o mercado internacional de grãos e também as que têm interesses nos agrocombustíveis. As empresas de fertilizantes também tiveram lucros excepcionais nesse mesmo período. A americana Mosaic Company, da Cargill, ganhou mais de 141% e a Potash Corporation do Canadá, 72%. Recentemente, essas duas empresas subiram os preços dos fertilizantes em 85% para seus compradores na América Latina.[47] Monsanto, a maior empresa de sementes do mundo, teve seus lucros aumentados em 44% em 2007. DuPont, a segunda maior, ganhou 19% e a Syngenta, terceira maior e principal produtora de pesticidas, lucrou mais de 28% apenas no primeiro quatrimestre de 2008.[48]

O programa brasileiro de substituição da gasolina pelo etanol de cana iniciado nos anos 1970 não economizou barris de petróleo importado no sentido estrito, embora possa, em certas circunstâncias do mercado, ter permitido exportações

---

46 Grain, "Making a Killing from Hunger", em *Against the Grain*, abril de 2008, disponível em http//www.grain.org/articles/?d=39, acesso em 11-12-2008.

47 *Ibidem.*

48 *Ibidem.*

de gasolina ou, em outras, limitado as importações desse produto. Entretanto, foi com essa justificativa irreal, a redução das importações de petróleo, que o programa gastou uma fortuna em recursos públicos que o subsidiaram.

Naqueles tempos, como agora, nessa nova maré de etanol, os grandes beneficiados foram os usineiros, que ganharam uma alternativa fundamental para a produção de açúcar, cujos preços sempre tiveram tendência a longos períodos de baixa. A garantia de mercado oferecida pelo governo foi essencial para que o setor decidisse investir (com financiamentos públicos facilitados também) no álcool. O argumento usado para justificar o programa tinha pouco a ver com a realidade, mas isso parece ser regra geral nesse tipo de operação.

No Brasil, contam-se hoje 355 destilarias com uma produção de 18 milhões de metros cúbicos de etanol, dos quais 3,4 milhões são exportados. A projeção para 2010 é de instalar mais 77 destilarias capazes de elevar a produção em 6 milhões de metros cúbicos. As novas destilarias terão uma produção média 50% maior do que as antigas, e os investimentos previstos são da ordem de US$ 8,6 bilhões. Das usinas em operação, 46% encontram-se no estado de São Paulo, e quase 60% das novas serão instaladas nessa mesma região. Como as usinas operando nesse local têm dimensões maiores, a concentração da produção de etanol nesse estado chega a dois terços de todo o etanol do Brasil, e essa porcentagem aumentará significativamente com os novos investimentos.[49]

Esses investimentos reforçam um processo de concentração de capital e capacidade produtiva por meio de fusões e incorporações em curso há alguns anos. No Brasil, entre 2000 e 2006, 37

---

[49] Ver "Agrofuels Special Issue", em *Seedling*, julho de 2007, p. 20.

operações desse tipo foram realizadas no setor sucroalcooleiro e dois conglomerados já representam um peso significativo na produção nacional de etanol. Cosan (família Ometto) e Crystalsev (família Biagi), gigantes nacionais do setor sucroalcooleiro, associaram-se recentemente com as transnacionais Tate & Lyle (inglesa), Sucden e Tereos (francesas), Cargill (americana) e Carlyle Group – as três primeiras com a Cosan e as duas últimas com a Crystalsev. Nessas associações – e em outras mais – empresas estrangeiras já investiram cerca de US$ 2,2 bilhões desde o ano 2000. Apenas esses dois conglomerados respondem por cerca de 10% da produção nacional de etanol, e essa porcentagem deve crescer com os investimentos recentes.[50]

Apoiando o investimento privado nacional e internacional, o governo brasileiro vem apostando pesado nas exportações de etanol, com a Petrobras investindo US$ 750 milhões em um alcoolduto unindo o interior do estado de São Paulo à refinaria de Paulínia e esta ao porto de São Sebastião. Esse investimento pretende consolidar o papel do país como maior exportador de etanol do mundo. Apesar da crescente participação das empresas multinacionais na produção de etanol no Brasil, a parte do agronegócio alcooleiro nacional é substancial, absorvendo boa fatia dos lucros.[51]

É sempre bom lembrar que a indústria automobilística está entre os ganhadores desse jogo. Nas sociedades desenvolvidas, a posse de um e mesmo de vários carros por família é um pré-requisito para a inclusão social. Esse padrão de consumo é peça-chave para que se entenda o *big game*. Nos Estados Unidos, em particular, os políticos consideram que esse padrão

---

[50] *Ibid.*, pp. 21-22.
[51] *Ibid.*, p. 20.

é parte do *american way of life* – e, portanto, não negociável frente a qualquer crítica de insustentabilidade ou de impactos no meio ambiente ou no aquecimento global. Essa ideologia se reflete nas decisões do governo de subsidiar os agrocombustíveis para manter a demanda de automóveis aquecida.

Diante desse cenário cabe perguntar: quem são os perdedores nesse jogo? De um lado, está claro que o mundo como um todo tem a perder, pela intensificação da emissão de GEE, pela destruição ambiental e pela perda de recursos naturais renováveis. De outro, os consumidores, sobretudo os mais pobres, também perdem, por causa dos efeitos do aumento de preços provocado, em boa parte, pela explosão dos agrocombustíveis. Os *tax payers* ou pagadores de impostos da União Europeia, dos Estados Unidos e do Japão também são perdedores, pois são eles que pagam os subsídios aos agrocombustíveis. Agricultores familiares do Terceiro Mundo tendem a ser deslocados, diante dos grandes empreendimentos do agronegócio dos agrocombustíveis.

Para resumir, o que está em jogo não é nem a mitigação do aquecimento global, nem a substituição de combustível fóssil em processo de esgotamento, nem a autonomia na produção de combustíveis. O que está em jogo é um gigantesco movimento de busca de algumas grandes corporações transnacionais e outras tantas nacionais por lucros excepcionais.

Considerações finais

A relação de dependência entre a civilização moderna e as energias fósseis é gigantesca, e tem de ser encarada como o maior desafio a ser enfrentado pela humanidade. Continuar no caminho seguido atualmente significa que haverá uma crise de proporções inimagináveis, com o colapso do modo de vida tal como se conhece. Mesmo se a quantidade de combustíveis fósseis revelar-se maior do que o previsto neste texto, está claro que a questão é de tempo, e que esse tempo é contado em, no máximo, algumas poucas décadas, e não em séculos. Em contrapartida, a questão do aquecimento global provocado pela emissão de GEE pode ter consequências desastrosas para a vida na Terra mesmo antes do esgotamento das reservas de combustível fóssil.

Os rumos que estão sendo propostos para se enfrentar esses problemas são contraproducentes, como se procura demonstrar neste ensaio. Tentar substituir combustíveis fósseis por agrocombustíveis na escala que está sendo proposta pode ter efeitos ainda piores para o meio ambiente, o aquecimento global e a produção de alimentos, sem resolver o problema energético do planeta.

A produção descentralizada de agrocombustíveis por métodos agroecológicos e dirigida para um consumo rural pode ajudar a baixar custos de produção na agricultura e melhorar a economia da agricultura familiar, mas o efeito na crise energética global seria ínfimo.

A questão inelutável a ser enfrentada é a própria racionalidade do uso de energia. Nesse sentido, a globalização dos mercados é um dos maiores problemas para minimizar a crise. A produção de alimentos, em particular, terá de se voltar para soluções tão locais quanto possível, diminuindo os custos gigantescos do transporte de produtos agrícolas pelo mundo. A agricultura propriamente dita gasta apenas um quarto da energia necessária para levar os alimentos até a mesa dos consumidores. O restante é gasto no processamento, empacotamento, congelamento, preparação e transporte desses produtos. Os impactos ambientais desses processos pós-colheita também são consideráveis. Alimentos para animais podem ser produzidos, por exemplo, na Tailândia, processados em Roterdã, abastecer um sistema de confinamento em algum lugar e comidos em um MacDonalds no Kentucky. O Instituto Wuppertal calculou que a distância viajada pelos ingredientes de um iogurte de morango vendido na Alemanha soma nada menos do que 8 mil quilômetros.[52]

Os sistemas de produção agrícola também terão de adotar tecnologias econômicas em energia, e a agroecologia já mostrou que é capaz de obter altas produtividades com baixo emprego de energia fóssil. Entre outros estudos, um trabalho apresentado na Conferência Internacional sobre Agricultura Orgânica e Segurança Alimentar da FAO apontou para a capacidade desse sistema de produção de prover entre 2.640 kcal/pessoa/dia e 4.380 kcal/pessoa/dia se toda a agricultura do mundo passasse por uma conversão agroecológica.[53] Em outro estudo, a FAO comparou os balanços energéticos dos sistemas convencionais com os dos tradicionais, estimando que para produzir 1 quilo de milho um agricultor americano gasta 33 vezes mais energia fóssil do que um agricultor tradicional do México. Para produzir 1 quilo de arroz, um agricultor americano gasta 80 vezes mais energia fóssil do que um agricultor tradicional das Filipinas.[54] Comparativamente, a agroecologia obtém produtividades muito superiores às dos sistemas tradicionais sem usar

---

[52] Stefanie Boge, "Road Transport of Goods and the Effects on the Spatial Environment", em *Wuppertal*, Alemanha, julho de 1993.

[53] Brian Helweil, "Can Organic Farming Feed the World?", em *Worldwatch Magazine*, maio-jun. de 2006.

[54] FAO, "The Energy and Agriculture Nexus", em *Environment and Natural Resources*, Working Paper nº 4, Roma, 2000.

mais energia fóssil. Essas produtividades são comparáveis às dos sistemas convencionais, como os estudos de Jules Pretty, da Universidade de Sussex, na Inglaterra, já demonstraram.[55] Para dar alguns exemplos, as produtividades de arroz em sistemas agroecológicos em Madagascar alcançaram até 20 t/ha e tem médias de 10 t/ha.[56] Produtividades de 9 t/ha de milho, 3 t/ha de feijão e 3,3 t/ha de soja são encontradas no Sul do Brasil em sistemas agroecológicos.[57]

Exemplos do que pode acontecer em uma crise energética mundial são bastante conhecidos. Um dos mais relevantes é o da crise da agricultura cubana, ocorrida com o fim do fornecimento de petróleo barato (trocado a preços ultrafavoráveis pelo açúcar da ilha) da antiga União Soviética. O sistema de produção cubano era, até então, centrado em grandes fazendas estatais, empregando tecnologia da revolução verde, com altos custos energéticos. A crise paralisou os tratores e fez escassear os adubos químicos e pesticidas. Os cubanos voltaram-se para uma divisão das grandes propriedades em unidades familiares e adotaram a tecnologia agroecológica. A transição foi penosa e custou um duríssimo racionamento de alimentos, mas Cuba conseguiu sair da crise, embora esteja ainda longe de ter alcançado a adoção dos sistemas mais avançados em agroecologia.[58]

Os sistemas agroecológicos são mais intensivos em mão-de-obra e se adaptam aos sistemas de produção da agricultura familiar. Para uma generalização desse sistema seria necessário

---

55 Jules Pretty, "What Sustainable Agriculture Can Do", em *Environmental Science and Technology*, 2006.

56 Norman Uphoff, "Agroecological Implications of the System of Rice Intensification (SRI) in Madagascar", em *Environment, Development and Sustainability*, 1 (3-4), Kluwer Academic Publishers, 1999, p. 297.

57 Observações do autor.

58 Richard Heinberg, "Fifty Million Farmers", em *Energy Bulletin*, 17-11-2006.

multiplicar de forma gigantesca o número de agricultores, substituindo os sistemas de monoculturas que ocupam às vezes até dezenas de milhares de hectares em uma só propriedade.

Essa solução pode parecer absurda para os defensores do agronegócio que estão olhando apenas os seus lucros nos próximos dez anos, mas a lógica da crise energética e ambiental é inexorável. A solução poderá ser encontrada por políticas de conversão paulatina da agricultura para outras bases ou pela brutalidade dos efeitos dos preços dos combustíveis fósseis, dos adubos químicos e da falência da economia como um todo.

A solução aqui imaginada não resolve o conjunto da crise energética, mas pode mitigá-la a tempo de serem desenvolvidas alternativas mais interessantes para a substituição dos combustíveis fósseis, tais como a energia solar, que parece ser a de maior potencial em médio prazo.

Para resumir, se se adota uma solução na base do *business as usual*, caminha-se para a barbárie; pois a crise econômica, alimentar e ambiental desencadeada por esse processo reverterá em crise social de proporções nunca enfrentadas antes. O tempo da dominação da lógica bruta do lucro imediato está chegando ao fim, pois ela entra em conflito com a sobrevivência da humanidade.

Referências bibliográficas

ANDREOLI, C. & SOUZA, S. P. "Sugarcane: the Best Alternative for Converting Solar and Fossil/Energy into Ethanol". Em *Economy and Energy*, 9 (59), dezembro de 2006-janeiro de 2007. Disponível em http://ecen.com/eee59/eee59e/sugarcane_the_best_alternative_for_converting_solar_and_fossil_energy_into_ethanol.htm.

"AGROFUELS SPECIAL ISSUE". Em *Seedling*, julho de 2007, p. 20.

ASSIS, W. F. T. & ZUCARELLI, M. C. *Despoluindo incertezas*. Belo Horizonte: O Lutador, 2007.

BARUFFI, C. *et al.* (orgs.). *As novas energias no Brasil: dilemas da inclusão social e programas de governo*. Rio de Janeiro: Fase, 2007.

BLACKBURN, Peter. "Brazil Could Double Ethanol Output by 2014 – Unica". Em *Reuters*, 4-8-2006.

BOGE, Stefanie. "Road Transport of Goods and the Effects on the Spatial Environment". Em *Wuppertal*, Alemanha, julho de 1993.

BROWN, Lester. "Earth Policy Institute". *Apud* MAYNARD, Robin. "Biofuels Report: against the Grain". Em *Ecologist online*, 1º-3-2007.

CAETANO, Mariana. "O desafio do biodiesel". Em *Globo Rural*, novembro de 2006.

CHAKRABORTTY, Aditya. "Secret Report: Biofuel Caused Food Crisis". Em *The Guardian*, 4-7-2008. Disponível em http://www.guardian.co.uk/environment/2008/jul/03/biofuels.renewableenergy.

CORPORATE EUROPE OBSERVATORY. *The EU's Agrofuel Folly: Policy Capture by Corporate Interests*. Junho de 2007.

CRUTZEN, Paul *et al.*, "Nitrous Oxide Release from Agro-biofuel Production Negates Global Warming Reduction by Replacing Fossil Fuels". Em *Atmospheric Chemistry and Physics*, 8 (2), 2008.

DÉRY, Patrick & ANDERSON, Bart. "Peak Phosphoros". Em *Energy Bulletin*, 13-8-2007. Disponível em http://www.energybulletin.net/node/33164.

DÖBEREINER, Johanna; BALDANI, V. L. D.; REIS, Veronica Massena. "The Role of Biological Fixation to Bio-energy Programmes in the Tropics". Em ROCHA-MIRANDA, Carlos Eduardo (org.). *Transition to Global Sustainability: the Contribution of Brasilian Science*. Vol. 1. Rio de Janeiro: Academia Brasileira de Ciências, 2000.

ENERGY WATCH GROUP. "Coal: Resources and Future Production". Em *EWG-Series*, nº 1/2007, março de 2007. Disponível em http://www.energywatchgroup.org/fileadmin/global/pdf/EWG_Report_Coal_10-07-2007ms.pdf.

ETHANOL + BRAZIL = Success for Infinity Bio-energy. Em *Brazil: a Brand of Excellence*. Editora Brazil Now, outubro de 2007.

FAO. "The Energy and Agriculture Nexus". Em *Environment and Natural Resources*, Working Paper nº 4, Roma, 2000.

__________. *Global Assessment of Land Degradation and Improvement*. Roma, julho de 2008.

FARGIONE, Joseph *et al*. "Land Clearing and the Biofuel Carbon Debt". Em *Science*, 319 (5.867), 29-2-2008.

GOLDEMBERG, José (org.). *World Energy Assessment: Energy and the Challenge of Sustainability*. UNDP/UN-Desa/World Energy Council, 2000.

GRAIN. "Making a Killing from Hunger". Em *Against the Grain*, abril de 2008. Disponível em http//www.grain.org/articles/?d=39. Acesso em 11-12-2008.

HEINBERG, Richard. "Fifty Million Farmers". Em *Energy Bulletin*, 17-11-2006.

HELWEIL, Brian. "Can Organic Farming Feed the World?". Em *Worldwatch Magazine*, maio-jun. de 2006.

HOOIJER, A. *et al.*, "Peat CO_2, Assessment of CO_2 Emissions from Drained Peatlands in SE Asia". Em *Tech. Report*, nº Q3943, Delft Hydraulics, 2006.

MARTINS, Antonio. "A possível revolução energética". Em *Le Monde Diplomatique*, abril de 2007. Disponível em http://diplo.uol.com.br/2007-04,a1559.

MCKIBBEL, Bill. *National Geographic*, outubro de 2007.

NICHOLAS STERN CABINET OFFICE. "The Economics of Climate Change: the Stern Review". HM Treasury. Disponível em http://www.hm-treasury.gov.uk/independent_reviews/stern_review_economics_climate_change/stern_review_Report.cfm.

NIKIFORUK, Andrew. "Oil Disquiet on the Western Front". Em *The Globe and Mail*, 28-6-2008.

NILSSON, Sten. "How Much Land is Available to Grow Biofuels". Em *New Scientist*, 25-9-2006.

"OIL AND GAS Production Profiles – 2005 Base Care", US Energy Information Administration Website.

PATZEK, Tad W. & PIMENTEL, David. "Thermodynamics of Energy Production from Biomass". Em *Critical Reviews in Plant Sciences*, 24 (5). Disponível em http://dx.doi.org/10.1080/07352680500316029, 2005.

PIMENTEL, David. "Ethanol Fuels: Energy Balance, Economics and Environmental Impacts Are Negative". Em *Natural Resources Research*, 12 (2), junho de 2003.

________ & PIMENTEL, M. (orgs.). *Food, Energy and Society*. 3ª ed. CRC Press: Boca Raton, FL, 2007.

PORTO, Mauro. *O crepúsculo do petróleo*. Brasport, 2006.

PRETTY, Jules. "What Sustainable Agriculture Can Do". Em *Environmental Science and Technology*, 2006.

RIGHELATO, Renton & SPRACKLEN, Dominick V. "Carbon Mitigation by Biofuels or by Saving and Restoring Forests?". Em *Science*, vol. 317, 17-8-2007.

RODRIGUES, Roberto. Entrevista concedida ao Conselho de Informação sobre Biotecnologia. Publicado em 30-8-2007. Disponível em http://www.cib.org.br/entrevista.php?id=47.

RUNGE, C. Ford & SENAUER, Benjamin. "How Biofuels Could Starve the Poor". Em *Foreign Affairs*, maio-jun. de 2007.

TORRES, Filemon *et al.* "Agriculture in the Early XXI Century: Agrodiversity and Pluralism as a Contribution to Address Issues on Food Security, Poverty and Natural Resource Conservation Reflections on its Nature and Implications for Global Research". Em *Global Forum on Agriculture Research*, Roma, julho de 2000.

TVERBERG, Gail E. "Peak Oil Overview – June 2008". Em *Energy Bulletin*, junho de 2008. Disponível em http://www.energybulletin.net/node/45681.

UMBELINO, Ariovaldo. "Agrocombustíveis e produção de alimentos". Em *Folha de S.Paulo*, São Paulo, 17-4-2008.

UPHOFF, Norman. "Agroecological Implications of the System of Rice Intensification (SRI) in Madagascar". Em *Environment, Development and Sustainability*, 1 (3-4), Kluwer Academic Publishers, 1999.

YETIV, Steve. "The Challenges of Peak Oil". Em *Houston Chronicle*, 28-6-2008. Disponível em http://www.chron.com/disp/story.mpl/editorial/outlook/5861525.html.

ZANATA, Mauro. "Cana avança em áreas de alimentos". Em *Valor Econômico*, São Paulo, 30-4-2008.

ZIMMERMANN, Martin. "Over a Barrel; What if Oil Hits $200?". Em *Los Angeles Times*, 28-6-2008.

Bioenergias:

uma janela de oportunidade

Ignacy Sachs

A controvérsia sobre os biocombustíveis[1] corre o risco de degenerar em um bate-boca entre seus apologistas e detratores. A bioenergia não será a panaceia graças à qual a civilização consumista e a dominação do carro-rei serão preservadas. Tampouco constituirá crime contra a humanidade, ameaçada de morrer esfomeada pela concorrência que os biocombustíveis fazem aos alimentos,[2] como afirmou o sociólogo suíço Jean Ziegler na LXII Assembleia Geral da Organização das Nações Unidas (ONU) em setembro de 2007, o qual pedia moratória de cinco anos sobre a sua produção.[3] Ziegler citou o líder máximo cubano Fidel Castro, vários ambientalistas hostis à agroenergia e um manifesto dos sem-terra (*Tanques cheios às custas de barrigas vazias*), declarando-se gravemente preocupado com a conversão de plantas alimentícias em biocombustíveis. Essa seria uma receita para o desastre, uma maneira de produzir a fome. A mídia se deteve nessa parte do relatório de Jean Ziegler sem se dar ao trabalho de ler em detalhe as suas recomendações, as quais parecem sensatas.

---

1 Ver a esse respeito Ignacy Sachs, *The Biofuels Controversy*, Genebra, United Nations Conference on Trade and Development, dezembro de 2007, disponível em http://www.unctad.org/en/docs/ditcted200712_en.pdf.

2 As hipérboles, as insinuações e as acusações mútuas baseadas às vezes em simplificações ou até em preconceitos não ajudam. Que dizer, então, de insultos? Um modelo no gênero é o artigo do professor Rogério César de Cerqueira Leite, "O etanol e a solidão das vaquinhas brasileiras", em *Folha de S.Paulo*, 6-7-2008. O autor se insurge com razão contra a onda neomalthusiana que abala os alicerces das políticas de biocombustíveis e aponta para o jogo de interesses às vezes inconfessáveis. Porém, isso não justifica o emprego de termos como "mente mórbida dos ecoidiotas transnacionais ecoada por verdolengos".

3 O qualificativo de "crime contra a humanidade" foi também empregado pelo ministro da Fazenda indiano P. Chidambaram, no que se refere à produção dos biocombustíveis a partir de plantas comestíveis: "para dizer o menos, transformar produtos alimentícios em biocombustíveis é uma tolice; em termos mais fortes, é um crime contra a humanidade". Cf. "Jatropha – India's Biofuel Option", em *iNSnet.org*, 3-8-2008.

Ele insiste na necessidade de reduzir o consumo global de energia e promover o seu uso eficiente. Propõe também que se passe diretamente à assim chamada "segunda geração" dos biocombustíveis, fazendo que a agricultura alimentar e a produção dos biocombustíveis se tornem complementares. Recomenda, ainda, o uso de plantas não comestíveis, sobretudo as que podem ser cultivadas nas zonas semi-áridas e áridas, realçando o enorme potencial do pinhão manso. Por fim, insiste para que a produção dos biocombustíveis seja baseada na agricultura familiar e não nos modelos industriais da agricultura. Organizando cooperativas de pequenos agricultores, fornecendo biomassa às indústrias de etanol e biodiesel, se criaria muito mais emprego do que concentrando terras em culturas altamente mecanizadas.

Também a Oxfam International, em estudo recente, se mostrou crítica com relação aos biocombustíveis.[4] Longe de constituir uma solução às crises do clima e do petróleo, eles contribuirão para uma terceira crise – a crise alimentar. Os autores citam os dados irrefutáveis de emissões de gases de efeito estufa (GEE) ocorridas por causa da expansão das plantações do dendê na Indonésia e Malásia mediante a queima de florestas nativas. Porém, não há razão para extrapolar, atribuindo essa atitude insensata, para não dizer criminosa, a todas as operações referentes ao cultivo de biomassa para fins energéticos. Em contrapartida, dizer que a melhora da eficiência dos carros é mais efetiva do ponto de vista econômico não passa de um sofisma. Obviamente, é preciso avançar ao mesmo tempo em direção ao aumento da eficiência energética e à substituição

---

4 Ver Oxfam International, *Another Inconvenient Truth – How Biofuel Policies Are Deepening Poverty and Accelarating Climate Change*, Oxfam Briefing paper, junho de 2008.

das energias fósseis por renováveis. O relatório afirma, ainda, que a conversão de todos os cultivos de carboidratos no mundo em etanol só substituiria 40% do consumo global de petróleo. A produção mundial de óleos vegetais nem chegaria a 10% do consumo do diesel. É difícil entender esse cálculo.

Um automóvel que consome dez litros de etanol por 100 quilômetros e que roda 12 mil quilômetros por ano consome 1,2 mil litros, ou seja, a produção de cana-de-açúcar sobre 0,2 hectare. Um bilhão de carros (número ainda não alcançado) necessitariam de 200 milhões de hectares, ou seja, dez Franças agrícolas! Porém, como mostrou Amory Lovins, uma nova geração de carros ultraleves consumiria duas vezes menos combustível. Em contrapartida, os agrônomos brasileiros consideram factível chegar a uma produtividade duas vezes maior de etanol por hectare de cana-de-açúcar. Com essas inovações, a nossa conta se reduziria a 50 milhões de hectares, ou seja, 2,5 Franças agrícolas. Ainda é muito. Conseguir a renovação total da frota de automóveis, dobrando ao mesmo tempo a produtividade do etanol por hectare, exige enorme esforço e deve levar vários anos. Porém, estamos no limite do possível, contrariamente ao que pretende o relatório da Oxfam.

Diante disso, as conclusões do relatório da Oxfam são menos drásticas do que se poderia esperar. Os autores recomendam aos países ricos a supressão de incentivos para os biocombustíveis, "afim de evitar o aprofundamento da pobreza e a aceleração das mudanças climáticas"[5] [*sic*]. Porém, propõem ao mesmo tempo a redução das tarifas de importação e reconhecem que, para alguns países pobres, os biocombustíveis podem oferecer oportunidades de desenvolvimento reais. Nesses casos,

---

5 *Ibidem.*

deve-se dar prioridade às populações pobres, enfatizando projetos de bioenergia que abasteçam de energia renovável e limpa as populações rurais. Segundo afirmam, esse não é o caso de projetos de etanol e de biodiesel, o que parece ser contestável. As recomendações finais insistem com razão sobre a obrigação de proteger o direito à alimentação e ao trabalho decente e sobre a exigência do acordo prévio por parte das comunidades onde os biocombustíveis serão produzidos. Os projetos devem privilegiar os modelos que maximizam as vantagens para os pequenos agricultores, homens e mulheres.

Por sua vez, a agência britânica de combustíveis renováveis[6] postula a redução do ritmo de aumento da produção dos biocombustíveis até que sejam estabelecidos controles efetivos sobre os efeitos de deslocação de outras culturas por biocombustíveis. Ao mesmo tempo considera que haverá solos suficientes em 2020 para atender à demanda crescente dos biocombustíveis. O que causa problema são as políticas atuais que não garantem que a produção dos combustíveis se localize em lugares apropriados. A Europa deveria fixar objetivos menos ambiciosos e estabelecer controles mais rigorosos.

Em que pese o título, o estudo conjunto do Instituto Internacional para o Meio Ambiente e o Desenvolvimento (International Institute for Environment and Development – IIED) e da Organização das Nações Unidas para a Alimentação e a Agricultura (Food and Agriculture Organization – FAO), recém-publicado,[7] adota atitude sensata, partindo da premissa correta de que os biocombustíveis não são inteiramente bons ou maus.

---

6 *The Gallagher Review of the Indirect Effects of Biofuels Production*, Renewable Fuels Agency, St. Leonards-on-Sea, julho de 2008.

7 Lorenzo Cotula, N. Dyer, S. Vermeulen, *Fuelling Exclusion? The Biofuels Boom and Poor People's Access to Land* (Londres: IIED/FAO, 2008).

Como afirma seu autor principal, Lorenzo Cotula, "os biocombustíveis podem tanto ajudar quanto prejudicar os pobres deste mundo, dependendo da escolha da planta e do sistema agrário, do modelo de negócio, do contexto local e das políticas".[8]

A produção em grande escala de biocombustíveis afeta negativamente o acesso das populações pobres à terra em vários países africanos e asiáticos, ou ainda na Colômbia. Em outros casos, os pequenos agricultores têm-se beneficiado das oportunidades trazidas pela expansão dos biocombustíveis. Para tanto, é essencial que eles tenham direitos bem garantidos à terra. A produção de biocombustíveis em grande e pequena escala pode coexistir e até criar sinergias positivas. Grandes plantações privadas não constituem o único modelo viável para essa produção. Incentivos financeiros bem desenhados podem ajudar na inclusão dos agricultores familiares. Em contrapartida, é essencial que as terras degradadas, abandonadas, marginais, desertas, não produtivas, subutilizadas ou em pousio a serem aproveitadas para o cultivo da biomassa energética sejam cuidadosamente delimitadas, de modo que se evite a utilização de terras das quais as populações locais dependem para o seu sustento.

Finalmente, vale a pena mencionar, nessa rápida e obviamente incompleta revisão dos escritos recentes, a estratégia esboçada pela Organização das Nações Unidas para o Desenvolvimento Industrial (United Nations Industrial Development Organization – Unido). Seus autores insistem sobre o amplo leque de avaliações:

> Previsões mostram que nos cenários mais otimistas, a bioenergia poderia fornecer mais de duas vezes a demanda global

[8] *Ibid.*, p. 2

> atual por energia sem competir com a produção de alimentos, os esforços da proteção da floresta e a biodiversidade. No entanto, nos cenários menos favoráveis, a bioenergia só poderia fornecer uma fração do uso atual da energia, talvez até menos do que fornece hoje. Esta significativa amplitude de incerteza sobre o potencial global da bioenergia é a consequência dos rumos incertos nas políticas futuras em matéria de agricultura e uso da terra, sobretudo nos países em via de desenvolvimento. Fatores tais como o aumento da produtividade poderiam liberar a terra para cultivos bioenergéticos e a conversão de terras marginais e degradadas em áreas de produção de bioenergia poderia também ampliar a base de recursos disponíveis. Por outro lado, impactos da mudança climática tais como ondas de calor e secas, ou ainda os usos da terra alternativos (alimentos, conservação da natureza) poderiam restringir severamente o futuro potencial de bioenergia.[9]

Para se dar um encaminhamento mais construtivo ao debate, convém recolocá-lo no contexto histórico.

A grande transição

No começo do século XXI, a bola da vez é a ameaça das mudanças climáticas deletérias e irreversíveis. Daí a necessidade de uma mudança urgente no paradigma energético. A mera substituição dos combustíveis derivados do petróleo por biocombustíveis, por importante que seja, não dará conta do assunto. É preciso envidar esforços para acelerar ao máximo a saída da era do petróleo e das energias fósseis. Essa transição levará décadas até que se encerre o breve interlúdio da dominação incondicional das energias fósseis na história da coevolução

---

[9] Unido, *Bioenergy Strategy – Sustainable Industrial Conversion and Productive Use of Bioenergy* (Viena, s/d.), p. 2.

da espécie humana com a biosfera. Esse período, iniciado no século XVII, deu lugar às revoluções científicas, técnicas e industriais, à forte expansão demográfica – seremos 9 bilhões em 2050 – e ao surto das cidades. Metade da população mundial, segundo estatísticas da ONU, está urbanizada. As desigualdades sociais abissais entre nações e dentro delas, o déficit crônico de oportunidades de trabalho decente na acepção do termo cunhado pela Organização Internacional do Trabalho (OIT) e o aquecimento global constituem o reverso da medalha.

Uma transformação mais radical do paradigma energético só acontecerá por meio da adoção de um perfil de demanda mais sóbrio e de um esforço ingente em matéria de eficiência energética.[10]

Isso nos remete a questões tais como estilos de vida e de consumo, padrões de mobilidade e sistemas de transporte, organização espacial da produção, alcance e limites da globalização, o traçado das cidades e até os modelos culturais de uso do tempo. De maneira geral, trata-se de variáveis de manejo delicado, porém de grande impacto.

O longo período em que se acostumou à abundância de energia fóssil barata reflete-se na ineficiência energética dos nossos sistemas de produção, transporte, habitação e até ali-

---

[10] O cenário francês elaborado pela Association négaWatt está baseado numa metodologia que privilegia a sobriedade e a eficiência energética ao mesmo tempo que procura a substituição das energias fósseis por energias renováveis. Os seus autores chegaram à conclusão de que a jazida dos "negawatts" (ou seja, de energia que deixa de ser consumida) representa nada menos que 64% do consumo de energia primária no cenário tendencial (extrapolação da estrutura de consumo atual). No cenário desejável, as energias renováveis representam 71% da produção da energia primária total. Prevê o fechamento progressivo das centrais nucleares existentes até o ano 2035. Cf. Association négaWatt, *Scénario négaWatt 2006 – pour un avenir énergétique sobre, efficace et renouvelable*, Document de synthèse, 16-12-2005.

mentação, ou seja, na diferença entre a energia produzida e a energia útil. No momento em que se ingressa em uma nova fase de desenvolvimento que se caracterizará por energia cara, abre-se um espaço importante de atuação.

As substituições só vêm em terceiro lugar e não se limitam aos biocombustíveis líquidos e ao biogás. É preciso aprender a aproveitar melhor todo o leque das energias renováveis – solar, eólica, geotérmica, hídrica, maremotriz.[11]

No que diz respeito à energia de biomassa, enfrenta-se um problema duplo. A promoção das bioenergias modernas, produzidas em condições socialmente e ambientalmente corretas, deve caminhar ao lado da redução e, na medida do possível, eliminação dos usos tradicionais e predatórios de biomassa sob forma de lenha e de carvão vegetal que provocam o desmatamento, dão lugar a práticas de trabalho inaceitáveis e causam problemas de saúde.

Há fortes razões para se acreditar que o recente e espetacular aumento dos preços de petróleo veio para ficar. Geólogos afirmam que o assim chamado "pico do petróleo", ou seja, o volume máximo de produção, acontecerá em poucos anos. Desde algum tempo, as reservas descobertas a cada ano têm sido inferiores ao volume posto no mercado.

É verdade que o preço alto vai estimular o aproveitamento de xistos bituminosos e óleos pesados. Há quem aposte ainda na descoberta de grandes jazidas de petróleo submarinas nas

---

[11] Segundo Joachim Nitsch, do Instituto de Termodinâmica Técnica de Stuttgart, *apud* F. Mariliez, *EPR: l'impasse nucléaire* (Paris: Éditions Syllepse, 2008), pp. 91-92, as tecnologias atuais permitem explorar uma quantidade de energia solar 3,8 vezes superior à procura total de energia no mundo. Os números correspondentes para as outras energias renováveis são: geotermia – 1; energia eólica – 0,5; biomassa – 0,4; hidráulica – 0,15; maremotriz – 0,05.

regiões polares. Porém, o acesso difícil e os altos custos de extração, em que pese a espetacular descoberta das gigantescas jazidas do pré-sal no litoral brasileiro,[12] não vão permitir que os preços do ouro negro baixem à semelhança do que aconteceu depois das crises dos anos 1970.

Viva à crise que tornou competitivas as energias alternativas? Sem ela, a redução das emissões dos GEE seria totalmente inviável, por indispensável que seja para mitigar as mudanças climáticas. No entanto, uma das consequências do preço alto do petróleo é de ter contribuído para o encarecimento dos alimentos e ter desencadeado uma crise social que atinge centenas de milhões de habitantes pobres nas cidades.

O petróleo não é o único vilão. Os alimentos ficaram mais caros em função de vários fatores: alguns positivos em si, como o aumento do consumo nos países emergentes; outros negativos, como a especulação com os estoques de alimentos e com as terras agricultáveis. O aumento da produção dos biocombustíveis a partir de grãos também teve a sua parte, porém, bem mais reduzida do que pretendem aqueles que querem fazer da bioenergia o bode expiatório, desviando a atenção do papel do petróleo caro, da especulação e, mais fundamentalmente, das razões estruturais que fazem que centenas de milhões de pessoas estejam passando fome no mundo. Na sexagésima reunião anual da Sociedade Brasileira para o Progresso da Ciência (SBPC), o reitor da Universidade Estadual de Campinas (Unicamp), José Tadeu Jorge, argumentou com razão que não há relação direta entre a alta de preços dos alimentos e os fatores relacionados com a produção do etanol.[13]

---

12 Para uma primeira avaliação dos custos e benefícios dessa descoberta, ver o dossiê publicado pela revista *Exame*, São Paulo, ano 42, edição 925, nº 16, 27-8-2008.

13 *Boletim da Agência Fapesp*, 22-7-2008.

Segundo o Banco Mundial, a recente carestia de alimentos empurrou para baixo da linha da pobreza 100 milhões de pessoas nos últimos dois anos. Eles se juntaram a outros bem mais numerosos que já passavam fome apesar dos preços baixos. Novo estudo do Banco Mundial sobre a pobreza no mundo estima que 1,4 bilhão de pessoas estão abaixo da linha da pobreza de US$ 1,25/dia aos preços de 2005 e que 2,6 bilhões consomem menos de US$ 2/dia.

O número de pobres caiu de 1,9 bilhão para 1,4 bilhão entre 1981 e 2005. Porém, essa melhora está concentrada na Ásia, graças sobretudo à China. O número de pobres no leste da Ásia caiu de quase 80% para 18%. Nos países em desenvolvimento, excluindo a China, a proporção dos pobres caiu de 40% para 29%, mas o seu total se manteve estável ao redor de 1,2 bilhão. Na África ao sul do Saara, a proporção dos pobres se manteve ao redor de 50% da população, e o seu número quase dobrou, passando de 200 milhões para 380 milhões. O consumo médio dos pobres na África era de cerca de US$ 0,60/dia em 2005.[14] O recente interesse pelos biocombustíveis não deve ter contribuído muito para essa situação calamitosa.

O problema não está na oferta insuficiente de alimentos – segundo a FAO, será possível alimentar corretamente no futuro até 12 bilhões de habitantes –,[15] e sim na falta de poder aqui-

---

14 M. Ravallion & S. Chen, *The Developing World is Poorer than We Thought, but no less Successful in the Fight Against Poverty*, Policy Research Working Paper, 4703, Washington, The World Bank, agosto de 2008.

15 Estudo prospectivo promovido por dois importantes órgãos franceses de pesquisa – Instituto Nacional de Pesquisa Agronômica (Institut National de la Recherche Agronomique – Inra) e Centro de Cooperação Internacional em Pesquisa Agronômica para o Desenvolvimento (Cirad) – chegou à conclusão de que margens de manobra existem para satisfazer às necessidades de alimentos da população mundial em meados do século em condições sustentáveis. Cf. Cirad/Inra, *Agrimonde*, maio de 2008.

sitivo por parte dos consumidores. Convém lembrar que entre 1961 e 2003, a população mundial dobrou, passando de 3,1 bilhões para 6,3 bilhões de habitantes. Ao mesmo tempo, a disponibilidade aparente média passou de 2,5 mil kcal/dia/habitante a 3 mil kcal/dia/habitante. Isso apesar da área cultivada por habitante ter diminuído de 0,45 ha a 0,25 ha. O que preocupa é a desigualdade de acesso aos alimentos: 4 mil kcal/dia/habitante nos países da Organização para a Cooperação e Desenvolvimento Econômico (OCDE) e apenas 2,4 mil kcal/dia/habitante para a África, com 850 milhões de pessoas subalimentadas no mundo.[16]

Não deixa de ser hipócrita o lamento sobre a situação do novo contingente de pobres causado pelo aumento recente de preços de alimentos, dissociado da análise dos eventos que levaram à pobreza dezenas de milhões de pequenos agricultores na África pelo efeito combinado dos assim chamados programas de estabilização estrutural e da abertura de mercados. Esta última acarretou a entrada de excedentes agrícolas dos países desenvolvidos a preços altamente subsidiados. Tampouco soa convincente o remédio proposto pela OCDE, pela Organização Mundial do Comércio (OMC) e pelo Fundo Monetário Internacional (FMI): abertura ainda maior dos mercados, como se o protecionismo só fosse aceitável quando praticado por seus membros ricos.

A solução duradoura do problema da fome no mundo passa pela segurança e soberania alimentar no nível dos países, bandeiras levantadas por Via Campesina e outras organizações da sociedade civil.[17]

---

[16] Cirad/Inra, *Agrimonde*, *cit.*

[17] Por razões que não me explico, Via Campesina adotou uma atitude crítica com relação aos biocombustíveis bastante similar à de Jean Ziegler e à expressa nos

Ao risco de chocar, afirmaria que os preços altos de alimentos deveriam em longo prazo ter um efeito positivo ao beneficiarem os pequenos produtores rurais em vez das grandes multinacionais que operam nos mercados de grãos e de outros alimentos. Para tanto, não se pode prescindir de uma política de preços mínimos garantidos aos pequenos produtores e, mais geralmente, de um feixe de políticas públicas articuladas entre si, assegurando uma discriminação positiva aos agricultores familiares (acesso à terra, aos conhecimentos, à tecnologia, aos insumos, ao crédito e aos mercados, além dos preços mínimos).[18]

O segundo desafio do século: inclusão social

Uma assimetria danosa instalou-se no debate sobre o desenvolvimento sustentável. Toda a atenção está voltada para o ambiental, marginalizando o social. Convém corrigir esse viés. Os objetivos do desenvolvimento são sempre sociais, baseados no princípio ético de solidariedade com as gerações presentes. Existe uma condicionalidade ambiental (ecológica) motivada pela solidariedade diacrônica com as gerações futuras, a que devemos legar o mundo habitável. Por fim, para que as coisas aconteçam – essa é a diferença entre projetos e utopias – é preciso pensar na viabilidade econômica das soluções propostas.

---

artigos de Fidel Castro. Em vez de exigir o respeito das condições indispensáveis para caminhar no sentido da complementaridade entre a produção de alimentos e a de biocombustíveis, esses autores se comportam como se tivessem perdido a batalha antes de ter começado.

[18] Sobre a discriminação positiva, ver Ignacy Sachs, *Inclusão social pelo trabalho: desenvolvimento humano, trabalho decente e o futuro dos empreendedores de pequeno porte* (Rio de Janeiro: Garamond/Sebrae, 2003) e *Desenvolvimento includente, sustentável, sustentado*, com prefácio de Celso Furtado (Rio de Janeiro: Garamond/Sebrae, 2004).

Como já foi discutido, o mundo de hoje se caracteriza por um hiato cada vez maior entre minorias afluentes e maiorias pobres ou até miseráveis, deixadas à beira da estrada do progresso. Os dados sobre a concentração do estoque da riqueza contidos em um estudo do Wider[19] são estarrecedores. No ano 2000, o decil superior da população mundial adulta possuía 85% da riqueza global e o centil mais rico, 40%. Em contraste, apenas 1% da riqueza global estava nas mãos da metade inferior da população, com um coeficiente de Gini da riqueza global estimado em 0,89. Se esse coeficiente fosse aplicado à distribuição de US$ 100 entre 100 pessoas, US$ 90 caberiam a 1 pessoa e cada uma das 99 restantes receberia US$ 0,10.[20] Segundo o dominicano francês Joseph Lebret, o objetivo do desenvolvimento é a construção de uma civilização do ser na partilha equitativa do ter e não a mera acumulação de bens materiais. No entanto, como prova o estudo citado, estamos muito longe, quiçá cada vez mais longe, do objetivo essencial da partilha equitativa do ter.

O conceito reducionista e um tanto demagógico do patamar da linha da pobreza, vinculado à renda e não ao estoque da riqueza, não reflete a realidade. Quem era pobre tentando sobreviver com US$ 0,95/dia não deixa de ser pobre ao ganhar US$ 1,05/dia.

Os estudos da OIT apontam para um déficit agudo de oportunidades de trabalho decente, ou seja, trabalho convenientemente remunerado e realizado em condições que não atentem

---

19 O Instituto Mundial de Pesquisa sobre Economia de Desenvolvimento da Universidade das Nações Unidas, sediado em Helsinki.

20 Todos os dados provêm do artigo de J. Davis *et al.*, "The Global Distribution of Household Wealth", publicado no Boletim *Wider Angle*, nº 2, 2006, disponível em http://www.wider.unu.edu. Ver também United Nations, *The Inequality Predicament – Report on the World Social Situation 2005* (Nova York: ONU, 2005).

contra a saúde e a dignidade dos trabalhadores. O maior contingente dos condenados a buscar estratégias de sobrevivência (que não deve ser confundida com o desenvolvimento) se concentra ainda nas zonas rurais. Segundo o Fundo das Nações Unidas para a População (Fnuap), em 2008, o número dos citadinos no mundo pela primeira vez se igualou ao dos habitantes das zonas rurais, o que significa que os rurais com uma forte proporção de pobres constituem ainda a outra metade.[21] Não se esqueça que a agricultura é ainda o meio de sustento de 40% da população mundial e que 70% dos pobres nos países do Sul vivem em áreas rurais.[22]

Os autores do relatório das Nações Unidas consideram que o desenvolvimento passa pela continuação do êxodo rural, como se fosse possível reproduzir em escala mundial os processos de urbanização ocorridos na Europa e nos demais países desenvolvidos. Chegam a citar um pretenso viés antiurbano nas políticas de desenvolvimento, contestando frontalmente a tese de Michael Lipton que ligou a pobreza à persistência de um viés urbano nessas políticas.[23] No entanto, na ausência de oportunidades de trabalho decente para os refugiados do campo, o translado para as áreas urbanas se traduz pela explosão das favelas, o pior dos mundos possíveis no dizer de Mike Davis.[24]

No século XIX e no começo do século XX, cerca de 90 milhões de camponeses europeus emigraram para as Américas.

---

21 Ver Ignacy Sachs, "Cinq milliards d'urbains en 2030: solution ou problème?", em *Revue Urbanisme*, nº 359, março-abril de 2008.

22 Dados citados por *International Assessment of Agricultural Knowledge, Science and Technology for Development (IAASTD)*, abril de 2008.

23 Michael Lipton, *Why Poor Stay Poor: Urban Bias and World Development* (Londres: Temple Smith, 1977).

24 Mike Davis, *Le pire des mondes possibles: de l'explosion urbaine au bidonville global* (Paris: La Découverte, 2006).

Nas duas guerras mundiais, na epidemia de gripe que se seguiu à guerra de 1914-1918, nos campos de concentração e Goulags morreram outras dezenas de milhões. Por fim, os refugiados do campo que chegavam às cidades na época da indústria fordista encontravam emprego fácil nas fábricas. Nenhuma dessas condições prevalece hoje. Em particular, vive-se um período que os demógrafos chamam de "desindustrialização" – a indústria moderna cresce essencialmente por meio dos aumentos da produtividade do trabalho.

Para onde iriam centenas de milhões de camponeses asiáticos, africanos e latino-americanos? O que fariam nas cidades?

Queira ou não, deve-se colocar em pauta um novo ciclo de desenvolvimento rural socialmente includente, rompendo com o preconceito difundido no século passado de que "rural" significa atraso e de que "urbano" é sinônimo de progresso.

Não se trata obviamente de propor uma volta ao campo das populações faveladas, ainda menos de negar o papel dinâmico das cidades no desenvolvimento econômico e no processo civilizatório. Na realidade, deve-se trabalhar com um conceito de desenvolvimento territorial no qual as cidades e as zonas rurais se articulam e se completam.

Ao mesmo tempo, deve-se reabilitar a noção de que o desenvolvimento rural é ainda possível e benéfico e a de que sem estimular a pluriatividade dos agricultores e seus familiares na agricultura, nas agroindústrias e nos serviços rurais, não se consegue resolver a crise social que abala o mundo. Longe de constituir um vestígio do passado, o desenvolvimento rural ou, mais exatamente, o desenvolvimento territorial baseado em novos equilíbrios entre a cidade e o campo surge como tema prioritário e como palco central das estratégias voltadas à solução simultânea dos dois maiores desafios do século: as mudanças climáticas e o déficit de oportunidades de trabalho decente.

Condenados a inventar

O terceiro desafio, que complica a tarefa, é a falta de paradigmas de desenvolvimento comprovados. O mundo emergiu da Segunda Guerra Mundial com três ideias consensuais:

- o pleno emprego como objetivo social central do desenvolvimento para exorcizar a lembrança da grande crise de 1929 e do terrível conflito mundial que a ela se seguiu;
- um Estado atuante na economia, aplicando as ideias de Keynes e, na área social, construindo os Estados-providência (*Welfare States*);
- por fim, o planejamento para eliminar o desperdício de recursos. Quando Von Hayek publicou em 1944 o seu libelo contra o planejamento (*O caminho da servidão*), ele era o dissidente.

O embate entre os dois sistemas em competição, o capitalismo e o socialismo real, girou ao redor das diferenças fundamentais em relação à maneira de se aplicar esses três conceitos aceitos dos dois lados do que viria a ser a cortina de ferro.

Os anos de 1945 a 1975, chamados de "trinta gloriosos" pelo economista francês Jean Fourastié, e de "idade de ouro do capitalismo" pelo professor Steve Marglin, da universidade de Harvard, foram marcados por profundas reformas no sistema capitalista, confrontado com a alternativa socialista no Leste Europeu e na China, e com a emancipação do Terceiro Mundo. Os países ocidentais tiveram nesse período um crescimento econômico rápido, com impactos sociais positivos, porém com altos custos ambientais. A partir do fim dos anos 1960, a problemática ambiental passa a ser amplamente discutida e entra na agenda das Nações Unidas com a conferência de Estocolmo de 1972.

Porém, no fim dos anos 1970, o período de capitalismo reformado dá lugar a uma contrarreforma neoliberal impulsionada por Margaret Thatcher na Grã-Bretanha e Ronald Reagan nos Estados Unidos. Essa regressão tornou-se possível porque a alternativa representada pelo socialismo real do bloco soviético perdeu a sua credibilidade diante da opinião pública ocidental com a invasão da antiga Checoslováquia em 1968, entrando num processo que culminou com a queda do muro de Berlim em 1989 e a implosão da União Soviética dois anos mais tarde.

Para os países em desenvolvimento, o neoliberalismo se traduziu nos programas de estabilização na África e na aplicação do Consenso de Washington na América Latina. Foi necessário esperar a grave crise sofrida pela Argentina para discreditar as políticas preconizadas pelo Consenso de Washington, às quais vários países asiáticos tiveram a sabedoria de não se submeter. Para alguns observadores, a crise econômica atual marcará o fim da contrarreforma neoliberal. Não é por acaso que nos Estados Unidos está sendo levantada a bandeira de um novo New Deal.[25] Oxalá, embora os jogos não estejam feitos.

De certo modo, estamos sentados sobre paradigmas de desenvolvimento falidos: o socialismo real, o capitalismo reformado que não resistiu aos ataques do neoliberalismo, o modelo liberal que não cumpriu o que prometia, a social-democracia tolhida no oxímoro "sim à economia de mercado, não à socie-

---

25 Veja a esse respeito P. Krugman & P. Chemla, *L'Amérique que nous voulons* (Paris: Flammarion, 2008).

dade de mercado". A agenda da grande transição que ora se inicia deve, portanto, incluir a busca de novos paradigmas de desenvolvimento socialmente includentes e ambientalmente sustentáveis, ou seja, triplamente vencedores. Não podemos nos contentar com modalidades de "mau desenvolvimento" ambientalmente corretas, porém socialmente perversas; ou socialmente positivas, porém ambientalmente destrutivas (o modelo dos anos de 1945 a 1975). Estamos condenados a inventar novos paradigmas. Nesse sentido, tem razão Carlos Nobre ao afirmar que:

> Não existem modelos apropriados para que o Brasil atinja o nível de primeiro país tropical desenvolvido do mundo. O país talvez seja o que tem a melhor condição de inventar um novo modelo sustentável de longo prazo e baseado em recursos naturais renováveis, a fim de superar o desafio de se tornar o mais economicamente limpo no mundo.[26]

Segurança alimentar e energética: conflito ou complementaridade?

Volta-se, então, à questão dos biocombustíveis. À primeira vista, a sua promoção afigura-se como uma excelente janela de oportunidade para atacar simultaneamente os dois desafios da mudança climática e da geração de oportunidades de trabalho decente no campo, à condição de não entrar em conflito com a segurança e a soberania alimentares, consideradas justamente como objetivos primordiais do desenvolvimento.[27]

---

[26] Carlos Nobre, Agência Fapesp, 16-7-2008.

[27] Segundo a FAO, a segurança alimentar é uma situação em que toda a população, em todo o tempo, tem acesso físico, social e econômico a alimentos em quantidade suficiente, sãos e nutritivos, que correspondem às necessidades dietéticas

Sistemas integrados

Há várias maneiras de amenizar a competição entre as bioenergias e os alimentos por recursos potencialmente escassos como os solos agricultáveis, a água e o capital. Em vez de pensar em termos de justaposição de cadeias de produção isoladas, deve-se raciocinar em termos de sistemas integrados de produção de alimentos e bioenergia, baseados em consorciamentos, rotações de culturas e aproveitamento dos coprodutos e resíduos, adaptados aos diferentes biomas, de maneira a buscar complementaridades e sinergias no lugar da competição.[28] A integração da produção dos biocombustíveis com a pecuária surge imediatamente como exemplo: as tortas das oleaginosas e as pontas da cana fornecem ração para o gado bovino.

No Brasil, a passagem da pecuária extensiva à pecuária semi-intensiva ou intensiva afigura-se como oportunidade para recuperar milhões de hectares de pastos para a produção agrícola ou silvícola. O tema é da maior importância para a Amazônia brasileira, que abriga hoje um rebanho bovino que beira 100 milhões de cabeças pelo efeito conjugado de políticas públicas que visavam à ocupação dessa região pelas patas dos bois e de preço extremamente baixo de terras ali prevalecente.[29]

---

e às preferências alimentares para uma vida ativa e sadia. A soberania alimentar é definida como o direito das populações e dos Estados soberanos a determinarem democraticamente as suas políticas agrícolas e de alimentação. Cf. *International Assessment of Agricultural Knowledge, Science and Technology for Development (IAASTD)*, cit.

28 Nos anos de 1983 a 1987, o autor dirigiu um programa sobre o tema na universidade das Nações Unidas. Ver Ignacy Sachs & D. Silk, *Food and Energy: Strategies for Sustainable Development* (Tóquio: United Nations University Press, 1990).

29 Sobre o impacto desastroso da pecuária extensiva na Amazônia, ver J. Meirelles Filho, *O livro de ouro da Amazônia* (5ª ed. rev. e ampl. Rio de Janeiro: Ediouro, 2006), e a resenha do mesmo: Ignacy Sachs, "Do bom uso da natureza", em *Página 22*, outubro de 2007.

A integração entre a pecuária e a produção dos biocombustíveis pode se dar em modelos sociais bem diferentes.

Exemplo espetacular de sistema integrado vem da Argentina. Adecoagro, uma empresa localizada em Santa Fé, dona de 240 mil hectares de terra na Argentina, Brasil e Uruguai, se propõe a produzir 210 milhões de litros de etanol de milho por ano a partir de 500 mil toneladas desse cereal. O projeto prevê o acoplamento de 45 mil vacas estabuladas, cujo leite será transformado em 50 mil toneladas de leite em pó e queijos destinados ao mercado externo. As vacas serão alimentadas com os resíduos da extração do etanol de milho. O sistema todo funcionará com base em 37 milhões de metros cúbicos de biogás extraídos de 1 milhão de toneladas de esterco, com sobras de energia e fertilizantes a serem comercializados.

Outro projeto experimental foi lançado pela Petrobras no Rio Grande do Sul em colaboração com uma cooperativa de pequenos agricultores familiares. O programa prevê a instalação de várias microdestilarias de cana-de-açúcar. Os cooperados plantarão em média apenas dois hectares de cana, cujas pontas serão utilizadas para alimentar o gado leiteiro. Um bom exemplo vem da Cooperativa dos Plantadores de Cana do Estado de São Paulo (Coplacana), que está promovendo o confinamento do gado para engorda nos assim chamados "boitéis". A cooperativa ainda utilizará no confinamento o farelo de soja resultante da fabricação do biodiesel. Estima-se que os boitéis devam crescer nas regiões onde se registra a expansão dos biocombustíveis, que amplia a oferta dos resíduos agroindustriais como bagaço de cana, farelos proteicos e levedura, utilizados em rações para bovinos de corte e leite. Dessa maneira, o aumento da oferta dos biocombustíveis fará progredir a oferta agregada de alimentos, principalmente de leite e carne bovina.[30]

O uso de bagaço para rações deve ser compatibilizado com o aproveitamento deste subproduto da cana na cogeração de calor e energia. Obviamente, esse será o principal destino do bagaço.

Aproveitamento de terras disponíveis

Vários projetos de produção de biocombustíveis na Índia e na África apostam na recuperação de áreas degradadas, inaptas para a agricultura alimentar, com uma oleaginosa perene, o pinhão manso, originário da América Latina e transplantado por portugueses na época colonial. Ao que consta, o pinhão se adapta bem a condições climáticas e edáficas difíceis. Ademais, o seu óleo não é comestível, o que evita contaminações de preços entre alimentos e bioenergia, que tantos problemas causam no caso do azeite-de-dendê.

Contrariamente ao Brasil, a Índia não tem intenção de produzir etanol de cana-de-açúcar e exclui a produção dos biocombustíveis a partir de plantas comestíveis. O plano indiano de luta contra a mudança climática, influenciado pela estratégia adotada nas Filipinas, prevê o cultivo de plantas como o pinhão manso nas áreas degradadas. Estas (*wastelands*) são estimadas em 35 milhões de hectares.[31]

Nesse contexto, vale a pena mencionar que estudo recente avaliou entre 400 e 500 milhões de hectares as terras agrícolas em abandono, preconizando o plantio de culturas perenes para

---

[30] *Globo Rural*, julho de 2008.
[31] P. Chidambaram "Jatropha – India's biofuel option", cit.

fins energéticos.[32] Para citar dois exemplos, a República Democrática do Congo tem menos de 5% de sua terra agricultável em uso e um potencial de produzir alimentos para 2 a 3 bilhões de pessoas. No entanto, os seus 56 milhões de habitantes sofrem da pior má nutrição do mundo, com 70% da população afetada. As suas cidades se alimentam com produtos importados a preços subsidiados pelos exportadores, forçando milhões de camponeses a migrar para as favelas.[33] Por sua vez, aproximadamente 7% das terras agricultáveis do mundo pertencem ao Estado russo ou às fazendas coletivas, mas um sexto, ou seja, cerca de 35 milhões de hectares, estão em pousio. Os rendimentos são muito baixos, 1,85 t/ha de grãos comparado com 6,36 t/ha nos Estados Unidos e 3,04 t/ha no Canadá.[34]

A segunda geração de biocombustíveis

Um passo decisivo na superação da competição entre biocombustíveis e alimentos, porém, será dado com a entrada próxima no mercado (cinco a dez anos) das bioenergias de segunda geração. As primeiras usinas já estão sendo construídas nos Estados Unidos e em vários outros países. O etanol celulósico será produzido a partir dos resíduos vegetais agrícolas (bagaço), florestais e gramíneas de crescimento rápido. Para se ter um exemplo: os arrozais do estado de Punjab, que cobrem 2,6 milhões de hectares, produzem anualmente 100 milhões de to-

32 L. Bergeron, "Bioenergy Potential Seen in Abandoned Agricultural Land", em *Stanford Report*, 24-6-2008.

33 *Bioenergy News*, disponível em http://bioenergy.checkbiotech.org/news/, acesso em 11-6-2008.

34 A. E. Kramer, "Land Rush Transforms Rural Russia", em *International Herald Tribune*, 1º-9-2008.

neladas de palha, três quartos da qual são queimados por falta de mercado, o que gera grande emissão de GEE.[35]

A outra fonte potencial de etanol celulósico será constituída pela plantação de árvores de crescimento rápido. Isso nos remete aos programas de reflorestamento produtivo. Estes atualmente ocupam no Brasil uma área reduzida da ordem de 5 milhões de hectares, os quais produzem madeira para as indústrias de papel e celulose, siderurgia – que operam com carvão vegetal – e indústrias de derivados de madeira.

O potencial para uma forte expansão desse tipo de plantação arbórea é enorme. Deve-se voltar à lógica do plano Floram, lançado pelo Instituto de Estudos Avançados da Universidade de São Paulo (IEA/USP) em 1990,[36] o qual propunha o reflorestamento produtivo de áreas desmatadas fora da região amazônica para preservar assim a mata nativa na Amazônia. Com o avanço do desmatamento ocorrido nessa região nos últimos vinte anos, as plantações arbóreas na área devem também ser contempladas.

É verdade que essas plantações não recriam a complexidade dos ecossistemas florestais, porém conjugam objetivos econômicos com a cobertura dos solos. Ademais, convém submetê-las a condicionamentos como a restauração das matas ciliares, o estabelecimento de corredores ecológicos e o respeito das reservas naturais legais.

Países com condições climáticas menos favoráveis que as do Brasil estão apostando fortemente na segunda geração de biocombustíveis. Em estudo realizado na Nova Zelândia, che-

---

35 *Bioenergy News*, disponível em http://bioenergy.checkbiotech.org/news/, acesso em 31-7-2008.

36 *Estudos Avançados*, 4 (9), São Paulo, maio-ago. de 1990.

gou-se à conclusão de que a celulose de árvores plantadas em 2,8 milhões de hectares de pastos de baixa e média qualidade, cerca de um terço desse tipo de solo, produziria combustível suficiente para todo o transporte terrestre. Com 3,7 milhões de hectares, seria ainda coberta a demanda para combustível de aviões e navios.[37]

Da mesma maneira, plantando salgueiros, álamos ou erva-elefante nos Highlands (terras altas) da Escócia, em terras não agricultáveis, seria produzida uma quantidade de energia suficiente para substituir toda a energia usada no transporte no Reino Unido.[38]

O interesse pelas plantações florestais explica-se pelo fato de estas requererem poucos insumos e, portanto, prestarem melhor à produção de biocombustíveis do que a agricultura intensiva. No entanto, vale a pena registrar a dúvida formulada pelo Fundo Mundial da Natureza (World Wildlife Fund – WWF) da Escócia: não seria mais vantajoso queimar biomassa para gerar calor e energia do que transformá-la em combustível líquido?

Mais uma vez, coloca-se a questão do modelo social a que essas plantações darão lugar. É preciso limitar os latifúndios monoprodutivos, incentivando a produção da madeira para usos múltiplos por pequenos e médios agricultores, aos quais as grandes empresas compradoras oferecem contratos de fomento plurianuais, assistência técnica e financiamento. Esses cultivos podem ser consorciados com outras atividades agrossilvopastoris e florestais, dando lugar a um mosaico diversificado de usos da terra e gerando para os fomentados oportunidades

---

[37] *Bioenergy News*, disponível em http://bioenergy.checkbiotech.org/news/, acesso em 28-8-2008.

[38] *Bioenergy News*, disponível em http://bioenergy.checkbiotech.org/news/, acesso em 1º-9-2008.

adicionais de trabalho e renda. Várias empresas dos setores de papel e celulose e da siderurgia estão interessadas em expandir o escopo dos contratos de fomento aos pequenos fornecedores. O problema é como, a partir desses contratos, alavancar o desenvolvimento rural integrado.[39]

Dando-se mais um passo à frente, é possível imaginar a evolução de algumas empresas dos setores mencionados para empresas de aproveitamento múltiplo de biomassa, por analogia com as empresas de petróleo que se transformam em empresas de energia.

Uma variação sobre o tema, proposta pelo Serviço Brasileiro de Apoio às Micro e Pequenas Empresas (Sebrae) nos anos 1990, porém não implementada até hoje, em que pese o entusiasmo inicial do governo do Amapá da época e o apoio do Instituto Nacional de Colonização e Reforma Agrária (Incra): assentamentos de reforma agrária com o dendê como carro-chefe.

Para cada 5 mil hectares de plantações de dendezeiros, uma empresa nacional privada, a Agropalma, estava disposta a construir uma usina de esmagamento nas seguintes condições: a Agropalma forneceria as mudas e a assistência técnica, teria exclusividade na compra dos cachos e pagaria um preço estipulado em função das cotações do azeite-de-dendê no mercado mundial. O assentamento contaria assim com quinhentas famílias. Dez hectares de dendê geram um emprego anual permanente para o agricultor assentado. Um a dois empregos adicionais para membros de família viriam de outras atividades agrossilvopastoris, sem falar dos empregos nos serviços sociais,

39 Por ocasião dos Congressos Mineiros de Biodiversidade (Combio 2006 e Combio 2008), o Sebrae Minas promoveu dois seminários sobre o tema denominados "Plantando o Futuro".

comerciais e na usina para o núcleo de 3 mil habitantes. Assim, em poucos anos, o assentamento poderia se tranformar numa vila agroindustrial.

O conflito entre a expansão dos biocombustíveis e a manutenção das florestas nativas tropicais em pé não é inevitável. É verdade que a Indonésia produziu um desastre ecológico ao queimar as suas florestas para dar lugar à plantação da palma dendê, destinada a produzir biodiesel a ser exportado para a Europa. Ao desastre inicial constituído pelo desmatamento, acrescentou-se um segundo, provocado pela drenagem dos solos pantanosos. Esse episódio deve ser condenado com a maior severidade; porém, ele em nada desqualifica a produção de óleos vegetais para o biodiesel em condições ambientalmente sustentáveis. Não procede a crítica que inclui no balanço das emissões do carbono provocadas pela produção do azeite-de-dendê os estragos perpetrados na conversão da floresta em plantações neste caso em particular que, se espera, servirá de lição em vez de ser imitado.

Entre os biocombustíveis de segunda geração de grande eficiência econômica, menciona-se ainda o "carvão vegetal verde", produzido por um processo contínuo de carbonização dos resíduos vegetais. Vários países africanos estão testando atualmente essa tecnologia.[40] O carvão vegetal verde poderia substituir a produção predatória de lenha e de carvão vegetal, gerando ademais créditos de carbono.[41]

---

[40] A patente pertence a uma organização não-governamental (ONG) – a Pro-natura International – que está empenhada em testar também o processo no Brasil.

[41] Um comentário se impõe nesse ponto. George Monbiot tem razão ao comparar os créditos de carbono às indulgências que os papas concediam aos pecadores mediante pagamento apropriado: "Assim como nos séculos XV e XVI se podia dormir com sua irmã, matar e mentir sem medo da danação eterna, hoje é possível deixar as janelas abertas com o aquecimento ligado, viajar de carro e de avião

Não há dados sobre o potencial do biogás, a não ser os resultados surpreendentes de um estudo alemão. Segundo o Öko-Institut e o Institut für Energetik, a Alemanha teria condições de produzir em 2020 mais biogás do que todas as importações de gás da União Europeia provindas da Rússia.[42]

E a terceira

A terceira geração de biocombustíveis, mais remota, reduzirá ainda mais a competição entre a produção de alimentos e a de bioenergias. Uma das pistas é o potencial da maricultura, só reconhecido recentemente. A "revolução azul" da aquicultura em águas territoriais e da maricultura está explodindo, sobretudo na Ásia e no Pacífico. Na Costa Rica e no Japão, a cultura de algas marinhas para fins energéticos está progredindo. A salicornia é um outro candidato a matéria-prima do biocombustível. Segundo Ricardo Radulovitch, diretor do Sea Gardens Project da universidade da Costa Rica, 3% da área dos oceanos (equivalente a um quinto da área atualmente usada na agricultura) seria suficiente para substituir a integralidade das energias fósseis. Uma fonte subutilizada de nutrientes é a água usada. Em vez de simplesmente jogar o esgoto no mar, essas águas não tratadas poderiam ser aproveitadas para o cultivo de algas.[43]

---

sem prejudicar o clima enquanto se paga ducados às companhias vendendo indulgências." Cf. G. Monbiot, *Heat: How We Can Stop the Planet Burning* (Londres: Penguin Books, 2007), p. 210. Porém, o realismo dita a obrigação de aproveitar, pois existe o Mecanismo de Desenvolvimento Limpo, previsto pelo Protocolo de Kyoto, o qual permite aos países aumentar a sua produção de substâncias poluidoras conquanto financiem projetos que reduzam a emissão de GEE em outros países.

[42] *Bioenergy News*, disponível em http://bioenergy.checkbiotech.org/news/, acesso em 7-1-2008.

[43] Anna Austin, "Oceans of Biomass", em *Biomass Magazine*, setembro de 2008.

Este último dado adquire toda a sua significação ao se lembrar que a água pode vir a ser a principal restrição na produção de biocombustíveis.[44] Tanto mais que continuamos a desperdiçar muita água na produção de alimentos que estão sendo jogados fora. Na reunião internacional realizada em Estocolmo em agosto de 2008, houve quem afirmasse que metade da água utilizada para a produção de alimentos está sendo desperdiçada. Nos Estados Unidos, 30% dos alimentos produzidos vão para o lixo.[45]

Perspectivas ainda mais fantásticas surgem com o Sahara Forest Project proposto por pesquisadores britânicos: gigantescas estufas associadas a usinas solares de energia, usando água do mar e transformando desertos em hortas e pomares, produzindo alimentos, água potável e energia limpa.[46]

Por fim, deve-se mencionar que várias redes nos Estados Unidos, na Suécia e na Austrália estão pesquisando a fotossíntese artificial.

A porta estreita

Assim, parece ser possível conciliar a expansão dos biocombustíveis com o respeito da segurança alimentar e da integridade das florestas nativas, privilegiando no processo os agricultores familiares. Isso não se fará, no entanto, pelo simples jogo das forças irrestritas do mercado. Este é por natureza míope e desrespeitoso dos imperativos sociais e ambientais. Por isso,

---

44 P. Moriarty & D. Honnery, "Global Bioenergy: Problems and Prospects", em *International Journal of Global Issues*, 27 (2), 2007.

45 *Bioenergy News*, disponível em http://bioenergy.checkbiotech.org/news/, acesso em 22-8-2008.

46 "The Sahara Forest Project", disponível em em *Bioenergy News*, http://bioenergy.checkbiotech.org/news/, acesso em 3-9-2008.

a promoção das bioenergias compatível com os postulados de desenvolvimento socialmente includente e ambientalmente sustentável[47] demanda um feixe de políticas públicas enumeradas a seguir.

Zoneamento econômico ecológico

Dada a centralidade da questão do bom uso dos solos para a produção agrossilvopastoril e para a manutenção das reservas naturais e áreas indígenas, o zoneamento econômico ecológico afigura-se como ferramenta importante do planejamento. A rigor, às dimensões econômica e ecológica, deve-se acrescentar ainda a social, buscando orientações metodológicas na pioneiríssima *Geografia da fome* de Josué de Castro, publicada há sessenta anos, e nos escritos de Aziz Ab'Saber sobre as áreas críticas na Amazônia.[48] A escolha da escala e a definição das meso e microrregiões, que raramente correspondem a divisões administrativas, colocam problemas de solução delicada. É preciso um zoneamento fino, adaptado à diversidade ecossistêmica e sociocultural dos territórios. Em contrapartida, deve-se evitar a multiplicação excessiva das unidades de planejamento.

Obviamente, o simples mapeamento de áreas destinadas a usos diversos não bastará. A maior dificuldade surge na institucionalização da observância das diretrizes estabelecidas pelo zoneamento, desde o monitoramento até a imposição de sanções no caso de desrespeito.

---

47 Sobre esses conceitos, ver Ignacy Sachs, *Desenvolvimento includente, sustentável, sustentado*, cit.

48 Ver a esse respeito Aziz N. Ab'Saber, "Zoneamento ecológico e econômico da Amazônia – questões de escala e método", em *Estudos Avançados*, 3 (5), 1989 e, do mesmo autor, "Bases para o estudo dos ecossistemas da Amazônia brasileira", em *Estudos Avançados*, 16 (45), 2002.

A situação que prevalece atualmente na Amazônia mostra a ineficiência de um dispositivo de controle *ex post* por um órgão público, como o Instituto Brasileiro do Meio Ambiente e dos Recursos Naturais Renováveis (Ibama). Este não dispõe nem nunca poderá dispor de quadros de guardas florestais e inspetores em número suficiente para fiscalizar um território tão extenso, a menos que mobilize todo um exército a um custo extremamente alto.

As soluções em longo prazo devem ser buscadas por meio de parcerias dos órgãos públicos com a sociedade civil organizada e pactos de boa conduta assinados pelas empresas presentes.[49] Ao mesmo tempo, deve-se prever incentivos creditícios e fiscais para os atores econômicos que se enquadram no zoneamento e nas sanções contra os transgressores. Uma forma de mobilizar as populações locais consiste na remuneração dos serviços ambientais por elas prestados.

Uma precondição do zoneamento é a regularização da estrutura fundiária. Em que pesem anúncios sucessivos por parte do governo, essa tarefa tarda a ser concluída, apesar das possiblidades oferecidas por métodos modernos de georreferenciamento.

Certificação socioambiental

Outro instrumento cujo potencial está sendo testado é a certificação socioambiental dos produtos florestais e agrícolas,

---

[49] Olivier Dubois tem razão ao postular a institucionalização de processos decisórios baseados na participação efetiva de todos os grupos interessados (*stakeholders*) e a necessidade de instrumentos de intervenção capazes de corrigir as falhas do mercado. Cf. O. Dubois, *How Good Enough Biofuels Governance Can Help Rural Livelihoods: Making Sure that Biofuel Development Works for Small Farmers and Communities*, unpublished, Roma, FAO, fevereiro de 2008, disponível em http://www.fao.org/forestry/media/15346/0/0/.

voluntária, na maioria das vezes, porém suscetível de ser imposta por lei.

Para que a certificação surta efeito, é preciso aplicar critérios rigorosos de respeito às normas ambientais e sociais e que as entidades certificadoras tenham idoneidade. Os pequenos produtores têm dificuldade em arcar com o alto custo da operação. O Estado poderia subsidiá-los. Convém, ainda, passar gradativamente da certificação voluntária para a certificação obrigatória.

O selo social instituído no Brasil para estimular a produção dos insumos de biodiesel por agricultores familiares aponta na direção certa, porém apresenta falhas na implementação, principalmente porque é possível obter o selo comprando apenas uma parcela reduzida de matéria-prima dos agricultores familiares. Convém corrigi-las, atentando ao fato de que o selo por si só não substitui o feixe coordenado de políticas de apoio aos agricultores familiares, baseado na escolha criteriosa dos cultivos bioenergéticos.[50]

A questão do papel da agricultura familiar na produção do etanol de cana-de-açúcar requer um debate urgente. É possível estimulá-la? As cooperativas de pequenos produtores têm futuro à frente? Como arcar com os casos de arrendamento por assentados de terras distribuídas pela reforma agrária aos gran-

---

[50] A. M. Buainain e J. Ruiz Garcia demonstraram que, por enquanto, a agricultura familiar desempenha papel secundário na produção do biodiesel, tendo-se mostrado incapaz de atender à demanda pela matéria-prima das usinas de biodiesel, cuja capacidade instalada é de 2,9 bilhões de litros. Estima-se que 70% a 80% do biodiesel produzido no país utilizou óleo de soja, 10% a 15%, gordura animal, e o restante, outras oleaginosas, entre elas a mamona. O alto preço do óleo de mamona no mercado internacional praticamente inviabilizou o uso dessa oleaginosa para a produção de biodiesel Cf. *O Estado de S. Paulo*, São Paulo, 12-8-2008.

des proprietários? Que políticas públicas, análogas ao selo social, se fazem necessárias?

Discriminação positiva dos agricultores familiares

O selo social integra o feixe de políticas convergentes de discriminação positiva dos agricultores familiares, o tratamento desigual dos desiguais, essencial para a sua inclusão social pelo trabalho decente[51] e para que se tornem os principais protagonistas do novo ciclo de desenvolvimento rural.

A consolidação da agricultura familiar exige o acesso simultâneo à terra, aos conhecimentos, às tecnologias apropriadas, às infraestruturas (estradas, água para irrigação e energia), ao crédito, aos preços remuneradores garantidos e aos mercados, com especial destaque para os mercados institucionais (merenda escolar, abastecimento dos hospitais, das casernas, etc.).

A reforma agrária bem conduzida, cobrando resultados positivos dos seus beneficiários e incentivando a lógica empreendedora dos assentados com destaque para as formas de empreendedorismo coletivo – cooperativas e outras formas de associativismo –, pode ampliar o setor da agricultura familiar viável, gerando empregos e autoempregos a um custo inferior às alternativas urbanas.

Deve-se raciocinar em termos de desenvolvimento rural e não meramente agrícola, promovendo a pluriatividade dos membros das famílias de agricultores e incentivando os empregos rurais não agrícolas os mais diversos: nas agroindústrias, no artesanato, nas pequenas indústrias descentralizadas, na pres-

---

[51] Ver sobre o assunto Ignacy Sachs, *Desenvolvimento includente, sustentável, sustentado*, cit.

tação de serviços técnicos, sociais e pessoais, no transporte, na construção, no desenvolvimento de atividades turísticas.[52]

Atenção especial deve ser dada à articulação da agricultura familiar com as grandes empresas que atuam no agronegócio e na produção dos biocombustíveis. Relações adversas devem ser substituídas por sinergias positivas logradas por meio de contratos de longo prazo que protegem os interesses dos pequenos agricultores.

Programas de pesquisa

Ao Estado cabe, ainda, promover um programa ambicioso de pesquisas nas áreas: de valorização da biodiversidade, com especial destaque para as palmeiras com potencial oleaginoso; de sistemas integrados de produção de alimentos e energia baseados nos conceitos de agroecologia e revolução duplamente verde adaptados aos diferentes biomas; de adensamento de espécies úteis nas matas nativas, e da produção descentralizada de energias para uso local. Essas pesquisas ganharão com a intensificação das relações entre os países tropicais, pois todos estão empenhados na mesma busca de tecnologias intensivas quanto a conhecimentos e mão de obra e, ao mesmo tempo, poupadoras de recursos naturais (como solos e água) e financeiros.

Financiamento

Com a descoberta do grande petróleo, deve-se com a maior urgência pensar em um esquema de subsídio cruzado da

---

52 Para uma discussão mais detalhada de um novo ciclo de desenvolvimento rural no Brasil, ver Ignacy Sachs, *Desenvolvimento includente, sustentável, sustentado*, cit., pp. 123-137.

produção, limitada no tempo, do ouro negro à construção da biocivilização perene, baseada no ouro verde.

Considerações finais

Necessita-se com urgência da atuação de um Estado neodesenvolvimentista enxuto, porém proativo, capaz de promover parcerias entre os empresários, os agricultores familiares e os demais trabalhadores: o Estado em seus três níveis e a sociedade civil organizada numa ótica de desenvolvimento includente e sustentável pactuado entre todos os seus protagonistas.

Como já foi citado, o desenvolvimento socialmente includente e ambientalmente sustentável está fora do alcance do mercado deixado a si mesmo. A ambição é substituir as energias fósseis por biocombustíveis e, ao mesmo tempo, gerar oportunidades de trabalho decente para os agricultores familiares e as populações rurais. Não podemos nos omitir à escolha dos modelos sociais nos quais se fará a expansão das bioenergias, mediante um processo político explícito.

As consequências dessa expansão, caso ela ocorra por meio de uma agricultura altamente mecanizada, operando em latifúndios, serão desastrosas para as populações rurais, compelidas a migrar para as favelas urbanas. Porém, essa perspectiva não é, de maneira alguma, uma fatalidade.

A porta é estreita, mas por trás dela se descortina uma perspectiva empolgante. Os biocombustíveis são apenas um segmento de um conceito mais amplo: a biocivilização[53] baseada no uso múltiplo da biomassa e, portanto, funcionando à

---

[53] Ver a esse respeito Ignacy Sachs, "Da civilização do petróleo a uma nova civilização verde", em *Estudos Avançados*, 19 (55), 2005.

base da energia solar captada pela fotossíntese e produzindo, ademais das bioenergias, alimentos, rações para animais, adubos verdes, materiais de construção, fibras, plásticos e demais produtos da química verde, fármacos e cosméticos. Pierre Gourou falava das "grandes civilizações do vegetal" do passado. Não se trata de voltar a elas, e sim de dar o pulo do gato para as biocivilizações do futuro, alavancadas pelas conquistas da ciência e tecnologia. Os países tropicais em geral, e o Brasil em particular, vão desfrutar nessa empreitada de vantagens comparativas naturais permanentes. Estas devem, no entanto, ser potencializadas pela pesquisa e pela organização social apropriada. Ao Brasil se oferece a oportunidade de assumir a liderança mundial no processo de invenção de uma civilização moderna de biomassa com os biocombustíveis como a bola da vez.[54] Oxalá não desperdice essa esplêndida janela de oportunidade.

Referências bibliográficas

AB'SABER, Aziz N. "Bases para o estudo dos ecossistemas da Amazônia brasileira". Em *Estudos Avançados*, 16 (45), 2002.

________. "Zoneamento ecológico e econômico da Amazônia – questões de escala e método". Em *Estudos Avançados*, 3 (5), 1989.

ASSOCIATION NÉGAWATT. *Scénario négaWatt 2006 – pour un avenir énergétique sobre, efficace et renouvelable.* Document de synthèse, 16-12-2005.

AUSTIN, Anna. "Oceans of Biomass". Em *Biomass Magazine*, setembro de 2008.

---

[54] Para se dar conta da fantástica fronteira agrícola de que dispõe o Brasil, convém lembrar que em 2007 a área cultivada no Brasil foi de 60 milhões de hectares apenas, com mais de um terço ocupado pela soja, um quinto pelo milho e 9% pela cana-de-açúcar. As pastagens ocupavam 297 milhões de hectares. Cf. J. Goldemberg, S. Teixeira Coelho, P. Guardabassi, "The Sustainability of Ethanol Production from Sugarcane", em *Energy Policy*, 36, 2008, pp. 2086-2097.

BERGERON, L. "Bioenergy Potential Seen in Abandoned Agricultural Land". Em *Stanford Report*, 24-6-2008.

BIOENERGY NEWS. Disponível em http://bioenergy.checkbiotech.org/news/, acesso em 7-1-2008.

BIOENERGY NEWS. Disponível em http://bioenergy.checkbiotech.org/news/, acesso em 11-6-2008.

BIOENERGY NEWS. Disponível em http://bioenergy.checkbiotech.org/news/, acesso em 31-7-2008.

BIOENERGY NEWS. Disponível em http://bioenergy.checkbiotech.org/news/, acesso em 22-8-2008.

BIOENERGY NEWS. Disponível em http://bioenergy.checkbiotech.org/news/, acesso em 28-8-2008.

BIOENERGY NEWS. Disponível em http://bioenergy.checkbiotech.org/news/, acesso em 1º-9-2008.

BOLETIM DA AGÊNCIA FAPESP. 22-7-2008.

BUAINAIN, A. M. & GARCIA, J. Ruiz. *O Estado de S. Paulo*, São Paulo, 12-8-2008.

CHIDAMBARAM, P. "Jatropha – India's Biofuel Option". Em *iNSnet.org*, 3-8-2008.

COTULA, Lorenzo; DYER, N.; VERMEULEN, S. *Fuelling Exclusion? The Biofuels Boom and Poor People's Access to Land*. Londres: IIED/FAO, 2008.

DAVIS, J. *et al.* "The Global Distribution of Household Wealth". Em *Wider Angle*, nº 2, 2006. Disponível em http://www.wider.unu.edu.

DAVIS, Mike. *Le pire des mondes possibles: de l'explosion urbaine au bidonville global*. Paris: La Découverte, 2006.

DUBOIS, O. *How Good Enough Biofuels Governance Can Help Rural Livelihoods: Making Sure that Biofuel Development Works for Small Farmers and Communities*. Roma: FAO, fevereiro de 2008. Disponível em http://www.fao.org/forestry/media/15346/0/0/.

ESTUDOS AVANÇADOS. São Paulo, 4 (9), maio-ago. de 1990.

EXAME. São Paulo, ano 42, edição 925, nº 16, 7-8-2008.

GOLDEMBERG, J.; TEIXEIRA COELHO, S.; GUARDABASSI, P. "The Sustainability of Ethanol Production from Sugarcane". Em *Energy Policy*, 36, 2008, pp. 2086-2097.

INTERNATIONAL ASSESSMENT OF AGRICULTURAL KNOWLEDGE, SCIENCE AND TECHNOLOGY FOR DEVELOPMENT (IAASTD). Abril de 2008.

KRAMER, A. E. "Land Rush Transforms Rural Russia". Em *International Herald Tribune*, 1º-9-2008.

KRUGMAN, P. & CHEMLA, P. *L'Amérique que nous voulons*. Paris: Flammarion, 2008.

LEITE, Rogério César de Cerqueira. "O etanol e a solidão das vaquinhas brasileiras". Em *Folha de S.Paulo*, São Paulo, 6-7-2008.

LIPTON, Michael. *Why Poor Stay Poor: Urban Bias and World Development*. Londres: Temple Smith, 1977.

MARILIEZ, F. *EPR: l'impasse nucléaire*. Paris: Éditions Syllepse, 2008.

MEIRELLES FILHO, J. *O livro de ouro da Amazônia*. 5ª ed. rev. e ampl. Rio de Janeiro: Ediouro, 2006.

MONBIOT, G. *Heat: How We Can Stop the Planet Burning*. Londres: Penguin Books, 2007.

MORIARTY, P. & HONNERY, D. "Global Bioenergy: Problems and Prospects". Em *International Journal of Global Issues*, 27 (2), 2007.

NOBRE, Carlos. Agência Fapesp, 16-7-2008.

GLOBO RURAL. Julho de 2008.

OXFAM INTERNATIONAL. *Another Inconvenient Truth – How Biofuel Policies Are Deepening Poverty and Accelarating Climate Change*. Oxfam Briefing paper, junho de 2008.

RAVALLION, M. & CHEN, S. *The Developing World is Poorer than We Thought, but no less Successful in the Fight Against Poverty*. Policy Research Working Paper, 4703. Washington: The World Bank, agosto de 2008.

SACHS, Ignacy. "Cinq milliards d'urbains en 2030: solution ou problème?". Em *Revue Urbanisme*, nº 359, mar.-abr. de 2008.

________. "Da civilização do petróleo a uma nova civilização verde". Em *Estudos Avançados*, 19 (55), 2005.

________. "Do bom uso da natureza". Em *Página 22*, outubro de 2007.

________. *Desenvolvimento includente, sustentável, sustentado*. Prefácio de Celso Furtado. Rio de Janeiro: Garamond/Sebrae, 2004.

________. *Inclusão social pelo trabalho: desenvolvimento humano, trabalho decente e o futuro dos empreendedores de pequeno porte*. Rio de Janeiro: Garamond/Sebrae, 2003.

________. *The Biofuels Controversy*. Genebra: Unctad, dezembro de 2007. Disponível em http://www.unctad.org/en/docs/ditcted200712_en.pdf.

________ & SILK, D. *Food and Energy: Strategies for Sustainable Development*. Tóquio: United Nations University Press, 1990.

THE GALLAGHER REVIEW OF THE INDIRECT EFFECTS OF BIOFUELS PRODUCTION. Renewable Fuels Energy Agency, St. Leonards-on-Sea, julho de 2008.

"THE SAHARA FOREST PROJECT". Em *Bioenergy News*. Disponível em http://bioenergy.checkbiotech.org/news/. Acesso em 3-9-2008.

UNIDO. *Bioenergy Strategy – Sustainable Industrial Conversion and Productive Use of Bioenergy*. Viena, s/d.

UNITED NATIONS. *The Inequality Predicament – Report on the World Social Situation 2005*. Nova York, 2005.

Sobre os autores

Arnoldo Anacleto de Campos é economista e diretor do Departamento de Geração de Renda e Agregação de Valor da Secretaria da Agricultura Familiar do Ministério do Desenvolvimento Agrário. *E-mail*: arnoldo.campos@mda.gov.br.

Edna de Cássia Carmélio é engenheira de Alimentos, MsC e consultora em biocombustíveis. *E-mail*: ednacarmelio@yahoo.com.br.

Ignacy Sachs é ecossocioeconomista francês de origem polonesa. Professor honorário da Escola de Estudos Avançados em Ciências Sociais de Paris e codiretor do seu Centro de Pesquisas sobre o Brasil Contemporâneo. *E-mail*: ignacy.sachs@gmail.com.

Jean Marc von der Weid é economista com mestrado em desenvolvimento agrícola pela Universidade de Sorbonne e coordenador do Programa de Políticas Públicas da Assessoria e Serviços a Projetos em Agricultura Alternativa (AS-PTA). *E-mail:* aspta@aspta.org.br.

Márcio Nappo é assessor de Meio Ambiente da União da Indústria de Cana-de-açúcar (Unica). E-mail: marcionappo@adm.com.

Marcos Sawaya Jank é presidente da União da Indústria de Cana-de-açúcar e professor associado do Departamento de Economia da FEA e do Instituto de Relações Internacionais da USP. *E-mail*: msjank@unica.com.br.

Ricardo Abramovay é professor titular do Departamento de Economia da FEA/USP, coordenador de seu Núcleo de Economia Socioambiental (Nesa) e pesquisador do CNPq. Página pessoal na internet: http://www.econ.fea.usp.br/abramovay/.